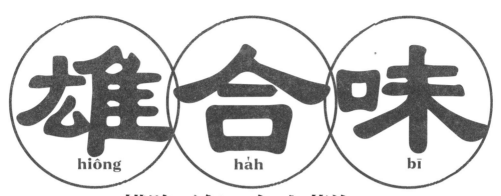

雄合味

hiông　hȧh　bī

橫跨百年、包山藏海，
高雄120家以人情和手藝慢燉的食飲私味

郭銘哲
著

樸實，知味，必備《雄合味》

最近戀上特定關鍵字，銘哲自介裡的高雄人像是斗大十倍進入眼簾。一眨眼從檳城移居來台並且定居高雄已經將近三十寒暑，從陌生到熟悉、他鄉變故鄉，我努力回想這座城市曾經慰藉失落想家的心情，從寬來順到金鳳水煎餃、從不會吃、不敢吃到深深愛上，飛機落地就要來一碗虱目魚肚、魚丸、魚皮到吮（tshńg）魚頭，說不出的過癮。天冷的時候，先衝到莊嫂攤口買蚵嗲再繞去喝一碗杏仁茶，暖心又暖胃，高雄限量隱藏版黑白切更是我的心頭好，站在攤位上現點現切，讓我有一秒回到檳城街景，一種說不出來的熟悉感，更多時候是一份心安踏實。

每一天，自己吃過什麼，原來早已經深植內化。不知不覺。

繼十年前《雄好呷》到這本《雄合味》，銘哲騎著歐兜邁（oo-tóo-bái）大街小巷走透透，深入田野挖掘故事，如若這不是真愛、愛在地愛高雄，又是什麼？這本書，一次網羅早、午、晚餐、宵夜、伴手禮，不只古早味，還有新移民風味飲食，高雄除了土味、況味、人情味，還有一種無時無刻都想用內斂的心擁抱你，停下腳步等你，等你回眸，滿足微笑。

認真的不只食物，銘哲和 Mark Wiens 一樣，真誠笑容背後有更多人與人之間的情分，努力做自己喜歡的事，活出自己喜歡的樣子，不迎合。

要迎要合，也是你來，不是我改 - Roger's style。

——陳愛玲（東南亞飲食文化工作者、辛香料顧問、演講人）

讀得人
一路食指大動

島內遊走，在不同城市鄉鎮四方覓食時，常有讀者在看了我的食飲分享後好奇發問：「應有在地『巷子內』朋友帶路？」

其實不見得都能有，反而最常倚仗的是各實際立足在地的飲食寫作者的著作：特別是能夠超越一般純粹食記食評，深入地方風土、人文、史事、脈絡、情感的書寫，更是我分外珍重參酌、據以按文走踏的重要依據。

郭銘哲的前作《雄好呷》是其一，多年來每訪高雄前必定再次翻閱：喜歡他結合城市紋理、店家身世故事、食物做工講究以至圍繞周邊之人事人情的寫法，讀來讓人不單單垂涎於食，更進一步領略了綜看近窺了高雄食之源流風貌情致，直入我心。

所以，再見續作《雄合味》著實歡喜，滿懷期待展讀，果然不負所望：觸角更寬廣──整個大高雄從城區到鄉郊、從大宴到小品、從食到飲、東西類型全涵納，行腳更綿密──從話題名店到隱世小鋪都囊括；讀得人一路食指大動、滿滿畫記，恨不能隨書立刻出發，痛快大啖一番！

──葉怡蘭（飲食生活作家 ·《Yilan 美食生活玩家》網站創辦人）

怎麼從「吃」契入高雄？問 Roger 郭銘哲

不管你是饕客、旅人、漫遊者、美食偵探、路上觀察家、故事採集師，還是謙稱「只是愛吃」的風味達人，認識高雄飲食風華的書，繼書架上那本《雄好呷》之後，終於迎來了《雄合味》。

讀 Roger 的書，可以感覺到這位飲食偵探永遠在路上，從老鹽埕到旗山鎮，從左營到岡山，他的雷達收訊通暢，機敏地進出舊城區、老市場，辨識出反映風土民情的食肆。板凳自在拉開，他對談老字號，是老練遇上老練。味道吃進去，故事收進來，寫出來的文字散發著地氣與人生況味。欲走進「裡高雄」，Roger 是最佳引路人。

──劉書甫（飲食作家）

三味一體：
從《雄好呷》到《雄合味》

自序————

土味、況味、人情味。

在南部生活，不管是短憩或長居，出趟門，方方面面都免不了需要使用到台語，是工具，但更像載體，除了更快速地拉近自己與城市間的距離，還有抵達，真的抵達那些生活的核心。特別是流連於小吃攤頭，你仔細拉長耳朵，倘若料理可口，泰半不會聽到老高雄們使用「好食」（hó-tsiáh，呷是食的通俗用字）二字，而是會以更貼地的「合味」（háh-bī）來形容。就我多年來的觀察，「合味」所傳遞出的訊息，已經超脫美味與否的層次了，而是「不管他人覺得好不好吃，這是我愛的生活，貼合我自己的口味最重要」的完整意念展現，裡頭包含了生理需求的被滿足，更多的，是精神性的療癒。

他人或許永遠不得而知，入口當下，到底是什麼樣的個人情感、想法，抑或起伏過的人生被投射進了食物之中，我吃故我在，那一刻，每個人都只為自己安靜存在，藉由日常生活自我積累那份想要的安全感。也毫不在意「這味」是否有被各種帶著不同審美觀的評鑑列為奇珍異味，因為透視那些餐盤裡的幽微之處，精髓了然於胸，裡頭更珍貴的是與店家彼此情意相通的頻

率和默契。合，說白了，也是一種長久以來，藉由集體意識所匯聚出的在地自我認同感，在土親的鮮味裡，生活的況味裡，人情的滋味裡，長出自信。東西好吃是必然的，但外地人愛不愛不是優先考量的重點，重要的是能做自己，做自己講的是不迎合，要迎要合，也是你來，不是我改。

煮食的老闆也抱持相同意念，專注在自己想走的路，當物換星移，一代一代過去，路徑也因為那些半途上的志同道合，得以往前延伸再延伸，有些甚至因而後來被冠上了如「私房」這類的美名，家中曾經的隱味，在踏實地走出門後，都有了更多堅定相伴的知音。當年在命名《雄好呷》這個書名時，那個「好」字我在一開始即很明確的下了定義，「不見得是最好，因為主觀感受人人不同，那更像是一道邀請，高雄，歡迎你來。」十年過去了，這次命名為《雄合味》，定位在契合度，以味為引，當每個初來乍到的人，帶著邀請函與我城相遇，由衷希望他們最後能相互建構起更裡層的親密關係，關係裡有更多的理解和更深的交集。無論你從哪裡來，何時來，都無妨，不同族群，在不同時空環境下移民到高雄，歲月長河中以手藝交融出的春秋故事都會等著你。

《雄合味》亦可視為是前作《雄好呷》的延伸，將以120個全新店家的飲食故事串聯出更錯綜複雜的高雄身世，兩書合併閱讀，從某個角度凝視出高雄的城市輪廓也將更為清晰。2013年《雄好呷》的出版，我把重點放在「看見」，去看百年來移民出出入入留下的飲食軌跡，藉由六年田調（二〇〇七到二〇一三），採集後篩選收錄，目的是要讓外地人看見高雄的好，同時也讓高雄人看見自己。《雄合味》耗時更久，從採集到出版，總共跨越了十年光陰（二〇一三到二〇二三），中間包含新冠疫情肆虐全球最艱困的那三年，期間我和一些店家幾度搖搖欲墜，最後好在都還是堅持了下來，現在回頭再看，和《雄合味》想傳遞的精神一樣，裡頭有種高雄款的堅決與強悍。

採集範圍也從上一本書大家所熟悉的高雄鬧區，大幅跨進縣市合併前的縣區，從深山寫到大海，山海裡擁抱著不同的族群與時代，《雄合味》的出版，目標是帶著大家在這些貼地的滋味裡，「遇見」更深、更廣、更多元的高雄。除了收錄那些在鬧區裡，上一本書尚未曝光過的經典店家外，高雄縣區裡臥虎藏龍的美味，這次也都會有更深入的著墨。兩本書從採訪到出版，時間如果加總，轉眼我也從一個青春少年變成中年大叔了，好在血還是熱的，都得感謝這些隱身在城市暗角裡的傳家手藝與食飲私味，持續灌注給我回春的底氣。

身處影音當道的速食世代，故事素材的確多了許多快速採集的方法，然而那些故事背後的難言之隱，時間陳釀出的哀愁與美麗，常常還是得靠寫字慢燉，娓娓道來才合味。《雄合味》不只是一本精準的在地飲食指南，書裡每篇文章也都在嘗試著，用地毯式搜索，找出時代、山海、區域、手藝與人情之間的最大交集，出版後如果因此被誤會成是偵探紀錄，我也不介意。實際上，這本書還能延伸出第四味——臭味，放眼全球，移民色彩強烈的城市，體質常常是，相投者，敞開雙手，相斥者，慢走不送，這不是囂張，而是城市和人一樣，不論高矮胖瘦，都該找到屬於自己最美的樣子。十年過去了，真的，高雄現在已經可以更大聲地說，沒關係，你可以再靠近，不只一點。

三、呷麵

四、麵食／米食・推演

五、海味

六、古早味冷熱飲

七、小點・即走即吃

八、圍爐・吃鍋

九、餐酒．跨界 創作料理

十、宵夜

十一、不分類

十二、伴手

高雄全區地圖
美食私藏路徑

高雄的百年好合：

從時代、族群、山海裡，搖晃隱形餐桌，震出老高雄們口袋裡的私藏清單

對吃講究者，面對餐桌內容往往更具有可大可小的彈性，裡頭的因果關係，才是他們最在意的，老高雄們也不例外。重點從不在價錢，而是那些食物裡的無形價值有沒有被自己吃懂，被珍惜。因此面對外界風風火火在城市間競逐歸類的各種標籤，老高雄們彷彿自帶免疫力，基因裡的爽朗、豪邁、遼闊、包容，讓這些競逐都像短暫刮過臉龐的風，等風停了，埋首餐桌，確認熟悉的香氣又聚攏回來，就繼續悠哉動筷，淡定生活。

這樣的淡定，其來有自。回望一百多年來，人或食物，進進出出高雄者，何其之多，細探高雄人的原生家庭，多少在幾代前都有著不同的遷徙故事，每個人身上都揹著一個時代與一片山海自遠方而來，真的來了，還得拚盡全力搏取任何能落地的生機，時代裡有兒女，山海間訴鄉愁，餐桌上的湯水菜肉，嚐著酸甜苦辣，也愛恨情仇，吃的當下往往已是最好且唯一的出口。因此當時間軸無限延展，那些曾經過眼前的煙火，終究體悟到都只是短暫噴發的喧嘩罷了。

在家或出門，吃飯或開店，尋的都是慰藉，會渴望起餐桌上的情懷，投射進去的都是千百萬道移民城市中留下的最含蓄而深長的傾吐，食客與老闆們紛紛以菜訴情，一代一代被打磨著。既然時代的巨輪無法撼動，搖晃一下餐桌自娛總行吧，千百萬張餐桌，日日城內隱形飛梭，當餐桌開始晃動，時代、山海、個人也都一股腦兒全被晃進食物的隙縫裡，灑得滿城都是。當舌尖上原本亟欲被安撫的鄉愁最後變成了他人嘴裡的感動，平行滋味裡發生的交集，都在一點一滴改變著城市輪廓。

然而不管是什麼樣的交集，從庶民小吃到高端餐酒，能上檯面，都需要由小而大積累，從點，到線，最後方才成面。看著有些趁勢而起的店家，如果手藝有勢無時，不曾拿足夠時間打底，驟然猛烈搖晃它，常常最後都是落得翻桌下場。這本書裡市井小食仍是主力，因為它們是所有由簡入繁的核心，而這樣的餐桌在被猛烈搖晃後，多數仍舊能四平八穩。小吃難為之處，在於常常被「小」這個字給框架束縛，甚或被人拿來說三道四，但任何大家之作都由小處著眼奠基是千古不變的道理，百年，講的是人對土地持續有愛，在食材面前始終懂得身段柔軟。

「手藝，是點 / 蹲點」

從深街、窄巷、路邊到店內，飄香手藝星星點點，彼時有許多去往他方嘗試落地的人們，家傳手藝都是僅存的護身底氣，生根考驗著意志力。手藝精湛者，客人口耳相傳，自然長保星光閃耀，反之，

春去秋來，慢慢也就悄悄黯淡熄滅。

「人情，是線／牽線」

口耳相傳裡的人情，不講那些社交場合裡的恭維辭令，而是倚靠食物中真心實意打造出的絲絲情誼，裡頭或有天倫的甜蜜羈絆、鄰里友人間的相助扶持、伴侶眼裡凝視的愛慕、甚或是偶然與陌生人交會而得的善意。一絲一絲，以點串聯溫暖美味的人際之樂。

「場域，是面／織面」

以人情穿針引線，將點編織成網面，歲歲年年攤開，不僅承載了歷史、承接住風土，場域會架構起市井，每當物換星移，市井也如同星群，不斷更迭排列的樣貌。排列，是來去之間一種對生活的直觀，也是邏輯練習。

高雄百年來累積出的飲食樣貌既深且廣：何以內門是總舖師的故鄉，高雄有拆分成山海的兩套辦桌系統？何以藏著雲嘉血統的家庭式蒸蛋湯會在高雄現蹤？隱身在美濃邊陲神祕的精功社區，何以交纏著滇緬奇幻香草與四國九族人的身世？客家粄條與雲南手工米干哪裡不同？升格後的高雄市成為全台唯一同時保有陸、海、空三個軍區的城市，大江南北的外省飲食文化如何保根與交流？六龜山城內的野放山茶與本產胡椒如何牽起了東高雄的祕密

香料之路？爆漿餐包背後為何牽動的是從日治時期麵包師傅養成、到戰後逐步熱絡的西餐文化？高雄人為何特別鍾情於澎湖海產和汕頭火鍋？又為何在高雄密度超高的燒肉飯會和整座城市的人口結構緊密相連？歌廳秀極盛時期何以直接左右了鄰近美食熱區攤頭的營生型態？縣區裡分量極重的「三山」又在飲食裡留下了哪些蛛絲馬跡？何以高雄如今成為高端創作料理與異國風情美食競逐的首善之地？

原住民、閩南、客家、外省、新住民彼此在這兼容並蓄生活著，讓高雄的餐桌百年來始終保有能不斷靈巧變化與操辦邀集的活力，但其實更可能遠在「高雄」之前，這片土地上，透過飲食早已種下了日後串聯更悠遠深長連結的契機。如今的三十八個行政區域飲食包山藏海，細細梳理脈絡，裡頭或見端倪或有驚喜，如果你來高雄也想偷搖晃餐桌看看，試著震出老高雄們口袋裡私藏的美食清單，最後掉出來的可能往往都是比美味更美味的故事。

悠長歲月中以食編織出的各種迷人場域，已是高雄人心中最深的懸念，也像古老明澈的鏡面，映照出歷史也省視著自己，餐桌上所經歷的永遠都不該是競逐，那只是一座城市與來來去去的人，用來陪伴彼此最溫柔的方式。橫跨百年，從「好」呷到「合」味，這是專屬於高雄人的百年好合，未來也會繼續搖晃餐桌，繼續為這座城市的下一個百年做出更好合的選擇。

特色果點

本店使用非基因
改造之黃豆

001

堂伯

豬肝卷

在岡山寂寞的老市場裡，
不甘寂寞的親民版阿舍點心

　　南來北往台南高雄之間，夾在中段的岡山，始終帶有某種自成一格的生活感。省道旁興建於日治時期、至今仍被暱稱為「舊市」的岡山第一公有市場—平安市場裡頭，曾經攤頭數量破百，氣氛又燒又熱的滿足著許多在地人的想望，同時也是打理日常吃喝最好的地方。然而物換星移，如今不只多數攤頭早已移出，市場的位置，剛好左右被熱鬧的維仁路和民國四〇年代竄出頭的文賢市場夾峙，整個空蕩下墜的空間，所幸仍被零星生命力強韌的店家們聯手撐住，「堂伯豬肝卷」可謂箇中翹楚。承傳了三代，小隱於市的堂伯，在市場寂寥的空氣中依舊奮力顯影著台式炸物美妙的香氣輪廓。

　　點燈營生者即是人稱「堂伯」的吳滿堂，彼時家中吃飯者眾，14歲早早就獨立跟隨姐姐挑擔到壽天宮舊址前的廣場賣黑白切料和點心討生，爾後才又輾轉移到市場內安頓。那個年代的人，為生活真的都是用命在拚，點燈初期這裡也是撒網式什麼品項都賣，是直到民國六〇年代堂伯才將招牌品項定調，接棒者由家族裡的女子軍團組成，媳婦們樂意繼續撐持家業，讓飄香的攤頭繼續迴盪人聲笑語。會晨起衝過來吃早餐者大抵都是從年輕到老，一來，再來，坐下吃飯感覺就像走自己家灶跤（tsàu-kha，廚房）那般自在。如果有時間抬頭瞄幾眼上方看板，紅底黃字乍看會以為是什麼添福納壽的命理廣告，一群人圍著合照，再細看原來全都是老闆娘們，營生的數字年分也從七〇、八〇到現在的九〇＋N年，很快就要跨百了吶。

吃飽了先別急著走，市場裡
隨意走動走動，每個有光的
地方，都像神祕入口。

　　天還沒亮，攤頭已前前後後開始忙碌，除了招牌豬肝卷，紅麴粉腸、炸豆腐、黑白切的各色豬雜、米粉肉羹等也都得一一快手就緒，伴隨晨光，遠方飢餓的腹鳴已開始擊打，約莫 6 點多，首批大軍就會準時報到。豬肝卷其實是早年經典的阿舍菜之一，但走出阿舍家門後，在這有了更親民的轉化，精挑的新鮮豬肝切成條狀後先用私房醬方漬到色深入味，一捲兩條，輔以菜礤（tshài-tshuah，刨絲）後和青蔥段一起捲裹進用黃豆製作的豆皮中下油鍋小火微炸到外酥內軟，豬肝通過高溫油炸會縮，質地也會由軟轉硬，如何不炸過頭著實需要靠經驗來斟酌，高屏地區吃這類型的肉繭仔（bah-kián-á，肉捲）或炸八寶丸裡頭都喜歡加進豆薯，豆薯在加粉煮透又熱炸後，竟會出現類似吃糯米的錯覺，府城吃法或宜蘭類似的肝花則多配荸薺。

　　掐勻粉漿再加進豬後腿肉塊手工現灌的紅麴粉腸，以及拿板豆腐直接下油鍋的炸豆腐也都不容錯過，用扁魚香菇白菜打底，有虱目魚漿和軟嫩肉塊襯托的肉羹再加麵或米粉也必須來上一碗，單刀赴會者不少，點滿整桌，有備而來者不怕撐，只祈禱都遠道而來了，攤頭前這些明星小點們誰都不准缺漏，那親赴這趟舊市裡的小吃盛宴也才算是一氣呵成。

由故鄉台南的老闆娘打造出的道地北方麵食早點店，在果貿寫下一頁傳奇

寬來順

韭菜包・鮮肉包・燒餅夾酸菜蛋・
蘿蔔糕・甜油條・鹹豆漿

特色早點

　　要是說到高雄去哪裡吃北方麵食早點最道地，那就非得走趟果貿社區不可。社區內幻奇的環型高樓天際線裡不僅有萬家燈火，也聚攏了來自大江南北吃食的香氣。大清早的，戰場已開啟，幾步之遙就能撞見一家的北方麵食早點店，小廚房裡各擁獨門攬客妙招，大夥憑本事公平競爭。馬路邊上的「寬來順」優勢是位置極好，清晨 4 點就點燈，天光未亮，門前慢慢湧現的排隊人龍分外顯眼，工作區井然有序，蒸包子那區煙氣冉冉炊升，揉團燒餅小隊也動了起來，外頭小鍋一熱好油即不間斷的開始酥炸金黃誘人的油條，啵滋啵滋聲與耀動碎星愉快地和鳴，放在中間的小櫃子麵點還沒塞滿前都叫等待的人心癢難耐。

　　寬來順由老闆娘周家禾於民國七十七年創立，有趣的是她是兒時移居高雄的台南人。早早 14 歲就開始出社會走闖，在尚未搬遷至台北前的鹽埕老字號「北平都一處」餐館裡打雜切菜是她接觸外省料理的起點，隨後來來去去的工作大抵都不脫餐飲業範疇，在油水中打轉，進廚房後四方摸索出許多烹飪精髓，也自我精進考取了中餐乙級證照，第一間自己的店以北方麵食點心為主打，邊開邊摸索，31 歲時輾轉來到果貿，頂下現址的老店後火力全開，產品線不僅持續擴充，也有意識地逐步變為全部自產自製，店名源起於以前承租人的名字裡有「來順」二字，她聽著覺得順耳心寬，索性轉化後沿用至今。

招牌包子系列用老麵來打發，麵團先冰過夜慢慢發酵最後蒸炊出的口感特別Q彈，鮮肉包用肥瘦三七比的豬後腿肉攪打後和進薑泥去腥，一口咬下會噴汁，滿嘴肉鮮，必點的韭菜包滋味清甜爽揚，裡頭滿滿的翠韭僅用少許粉絲和蝦皮去提味。品質極好的燒餅和油條也都自製，接棒做燒餅的小兒子對於烤製細節十分龜毛，他們的燒餅內軟外酥卻不會酥到乾裂，油條的酥脆口感則是冷吃也沒有油耗味，燒餅油條配豆漿在這是不敗經典。

　　燒餅夾酸菜蛋和別家不同之處在於酸菜炒製時不加糖而是加點花椒進去，和烙好的蛋片一起夾進燒餅裡滋味曼妙，甜燒餅由白糖、紅綠豆沙、芋泥、芝麻組織出一系列，但甜蜜蜜的還有當點心吃也熱銷的甜油條，特別冬天，把還熱燙著的油條速速剪成塊狀丟進袋中，撒圈白糖後封口用手勁轉個幾圈讓糖粒沾黏，頗有在吃脆口台式甜甜圈的美好錯覺。

　　蘿蔔糕中的白蘿蔔煮爛後要先推成泥，接著慢慢兌熱水去和米漿，蒸炊好的糕體不粉，且吃得到來自菜頭明顯的清甜味。豆漿用非基改黃豆自己熬自己燒，豆香濃郁，熱喝可打顆蛋下去，鹹豆漿加了蝦皮、榨菜、油條、蔥花，要趁熱享用不然很快凝成豆腐花。點畢，端著餐盤，幾人圍坐在人行道上的小桌小椅用美食相偎相依，門口桌上擺著的那桶招牌蔥椒汁，可隨自己需求添加，常會看見客人趨前，低頭專心地撈啊撈的，那畫面真是既日常又可愛。

由於招牌字體是由右向左排列，因此有些人會誤會店名叫「順來寬」，順道坐坐，吃完寬慰，也不賴。

特色早點

四鍋同步開煎，

理想是火焰的南高雄餃中之鳳

○○○
003

金鳳
水煎餃

　　煎餃可說是台式早餐地圖中最為人熟知的成員之一，位在南高雄三多路上的老字號「金鳳水煎餃」，自民國七十三年開始點燈，飄香至今已飄出代表性。蔡家來自台南鹽水，老頭家當兵時結識了來自路竹的太太金鳳，陸戰隊退下來後遂決定留在高雄生根。彼時金鳳姐身兼兩份工，腦筋一轉，在家也開始研究起餃子包完又要煎得好吃的訣竅，加上鄰居試吃後好評不斷，遂萌生了創業念頭。攤頭初始擺在三信合作社附近，對面就是活絡的三和市場，幾經流轉，才終於在現址安定下來，坐北朝南的方位，吹南風時排隊看著掀鍋瞬間那竄出的騰騰煙氣非常療癒。

　　最初五金背景出身的蔡老闆即打定主意自己設計攤車，車體完全依照太太身形去量身打造，男人的老派浪漫。原本他上午跑車，下午才趕去採買菜料，隨著生意越發紅火，車終於不開了，夫妻同心撐持的威力驚人，從一鍋、兩鍋，到如今4鍋同步開鍋的浩大陣容，每鍋以80顆計，日日產量可觀。內餡看似是簡單高麗菜肉，但細節藏在魔鬼中，高麗菜用的是當季台灣品種，鮮甜爽脆，得先用鹽逼出殘餘水分，放米袋再用脫水機脫3分鐘，溫體豬梅花肉只取頭尾

水煎包和水煎餃是台灣街頭點心類別具代表性的小吃，百家爭鳴也百家百味。

帶肉油的部位，絞出來的肉餡滋味才會香腴飽和，絕不用廉價豬油混充來製造效果，包好會凍一小段時間，等入味即可上小攤亮相。

　　後場包餡銜接前線煎檯，節奏風馳雲走，空盤猶如聚寶盆，不斷被快手包好的帶財餃子給填滿，煎的時候盤底先抹油，生餃在鍋裡依序放射狀鋪排，頭一鍋因為是煎檯「還在熱身」，煎的時間較長，後面上場的一鍋都大約抓 8 到 10 分鐘。麵粉水澆淋下去後，餃子皮吸了水會開始慢慢膨脹熟化，直到鍋底爬滿琥珀色的晶瑩冰花即大功告成。餃子剛鏟起，香啊酥啊 Q 啊嫩啊，醬汁有三種，他們自製的辣椒清醬油是眾人最愛，要加甜辣醬或醬油膏也行，總之，趁熱！當四鍋同步開煎，人整天待在爐子前，很累，但也很熱、很燃，理想是火種，也是能堅持下去的理由，周遭大型公司聰明，團購午茶常常前一天即來電煩請預留，說這裡是南高雄餃中之鳳，當之無愧。

特色早點

美 濃 區

阿招

鹹／甜碗仔粄・客家味蝦米肉臊粽

每日限量的客庄風情早點，
乾淨而立體的古早樸實滋味

位於美濃市區熱鬧中正路上的老派店家「阿招碗仔粄」，從舊橋邊點燈營生直到遷移至現址，一晃眼已經在客庄裡飄香近七十年光陰。承接公婆打下的厚實根基，性格明亮率真的第二代老闆娘陳貴招，自接下棒子後，持續按部就班炊粄製粽，養出了一批如家人的熟客，店面和在地喧囂的柚子林傳統早市僅幾步之遙。老人家們出門，採買前後，隨心轉到這吃個早點，常常也是彼此巧遇，他們都習慣直接稱呼老闆娘一聲「阿招」。店面雖玲瓏小巧，但忙碌起來，前後張羅，也是個交鋒的武林，但老闆娘總能另外抓到空檔招呼大家，有時自

己買的點心水果都往客人桌邊塞，鄉下的餐食常常從早餐就豐滿，人情是火候，更是生活裡不可或缺的調劑。

這裡的招牌點心品項單純，主推鹹口味碗仔粄和客家味蝦米肉臊粽，都是限量，至於甜碗仔粄，量更是珍稀，只要稍晚抵達有極大機率會撲空。米製的加工食品一直都是客家婦女用來持家的利器，也是傳統婚喪、節慶和祭典裡的要角，老闆娘分享，最早一家老小吃穿用度龐大時，另外還有年糕和芋粄可買，如今兒子雖投入幫忙，但人力有限下只能做出取捨，廚房設在自宅，如今前置

坐在店裡，邊吃邊和老闆娘
談天說笑，人來人往裡恬靜
的美濃時光。

備料和製作事宜主要都交由兒子處理，等碗仔粄和客家肉粽做好後，即以摩
托車改造的拖車速速送抵店面交接。

　　有別於台式碗粿，客家人吃的碗粿，北部客家人多稱「水粄」，但在南
部，特別在六堆地區則會以生動可愛的「碗仔粄」稱呼。阿招這裡的版本，是
以在來米製作，只用二至三年的舊米，除了取其Q彈更要採以時光收斂後更
濃郁的米香，生米需浸泡數小時，夏短冬長，清晨三點就得起床磨漿，早年公
婆是以石臼研磨後，再燒柴生火，蒸炊是咬著牙的苦差，如今幸有機器代勞。
客家風味的碗仔粄，米漿裡僅用了些許鹽巴，蒸炊好後素雅形體猶如固態白玉
膏脂，相較外圈，中心處微微塌凹代表蒸炊功夫了得，亮點是粄體上方會澆淋
用油蔥酥炒香的菜脯和當日現磨花生粉，蘸醬則是不能太甜的純醬油和蒜泥，
叉子小心切劃，勾起一塊均勻沾裹了醬粉的粄粿入口，滋味簡單乾淨而立體。

　　可遇不可求的甜碗仔粄，是把白糖炒成噴香琥珀色糖漿後倒入米漿中蒸
炊而得，和年糕的差異在於前者用在來米，後者用糯米，因此口感不似年糕
那般黏糯，反而帶著彈Q。這裡的肉粽是典型南部水煮粽，但內餡以肉燥取
代肉塊，不加香菇和蛋黃，以花生來擔負重責，生米除了加進熟花生，還會
騰入混合粗花生碎同炒的蝦米，麻竹葉包覆，纏緊，沸煮，拆開品嚐前會再
撒上花生粉，澆淋純醬油和蒜泥。不管是粄或粽，在這，你嘴裡停留的餘韻
或許都在針對過往的飲食記憶進行快速更新。

　　　　　　　　　　　　　　　　　　　　　　　　　　特色早點

小堤咖啡

虹吸式懷舊咖啡・限量現做人情早餐

醒來時香氣滿身

人彷彿墜入日本昭和時期的風情咖啡店，

　　踏進老鹽埕，尋得小西門燉肉飯招牌，從這拐進對面毫不起眼的巷子裡，典雅老派的「小堤咖啡」就隱身在整排民宅之中。老闆娘人稱「二姐」，但傳奇小堤一切的開端要從她的姐姐說起。長姐早年曾在一對日本夫婦經營的空間裡幫忙，有日料有咖啡，因而學到了虹吸式咖啡的煮製技巧，一樓是咖啡店二樓開書店由姐妹倆相互撐持的現址係從民國六十八年點燈攬客，彼時鹽埕繁華正盛，人潮洶湧，店採兩班制，二姐忙完也會下樓跟著學沖咖啡，直到姐姐退休後她接棒才結束樓上「友宏書局」的營運，守護小堤平實低調安穩營生至今。曾帶日本朋友前來拜訪，甫進門，眾人驚呼：「怎麼好像走進了某個昭和時期的日本懷舊喫茶店！」咖啡色系木質調裝潢、長形老吧台、蕾絲花邊窗簾、直火手搖式烘豆機、酒精燈、賽風壺……和洋兼容蓄卻又飄散著絲絲台味，空間滿布時代摺痕。

　　入座後，二姐會先準備冰涼涼的「osibori」（お絞り）老派擦手巾給你，然後詢問：「咖啡要喝冰的還熱的？要帶酸還是不酸？」沒特別指定，那就是加牛乳喝咖啡綜合。沒有菜單，入座也無須多問，想好然後等著應答就是了，一切俐落簡單。早到者，二姐會問，「早餐吃了沒？」還沒，轉身進吧檯忙煮咖啡外她也會同步烤起吐司，日本人曾告訴她喝咖啡時不能空腹，因此準備好的咖啡，連同抹醬烤土司、煎火腿片、澆淋甜甜淡醬油的半熟荷包蛋會先後上桌，裡頭包藏著一份不言說的心意。如果聊得天花亂墜，二姐會飄來輕聲叮囑：「趁燒！」（thàn sio，趁熱）。關店後，她會慢慢散步到隔壁的大溝頂找三郎麵包廠的頭家嬤拿隔日要用的白吐司，每日固定準備 2 袋土司

　　　　　　　　　　　　　　　　　　　　　　　　　　　　　　特色早點

還記得某回和二姐閒聊時，
她叮囑我如果是對長輩講
「咖啡廳」三字要斟酌情境，
因為早年可能是暗示要去
找小姐的。

的量，因此附加的早餐採限量供應，喜歡二姐掛嘴邊說的那句，「夠用就好。」

　　趕早吃餐的其實多半是年輕新客，小堤有自己的時區，老客人們只管照著如常節奏，誰喜歡坐什麼位置，誰要邊喝邊看報，有時人還沒到電話先響，口頭交代一下二姐，「等等曼特寧喝厚的，而且要二沖。」時間一到，該現身就現身。平常日這兒就像「長輩安親班」，什麼狗屁倒灶風花雪月，在這說了都有人懂，字句從冷氣機吹出的冰涼風裡穿過，二姐邊聽邊拿起湯匙將冰塊握在掌心，用力一敲，碎冰瞬間嘩啦啦掉進杯裡的脆響，伴著人聲笑語攪成的嗡嗡低鳴，會不自覺在人的耳畔迴盪，那種抒壓和療癒無處可比，安倍夜郎請務必來這裡坐坐。

　　這裡沒有什麼華麗的單品豆可供你挑選，也不來什麼前中後味那套，二姐搖賽風壺耳提面命著搖晃咖啡讓氣味不走苦的要領時模樣特別溫柔，喝下肚的都會變成人生，當千帆過盡，塵埃落定前回頭再看，可能才會明白何以那句「咖啡酸還是不酸」會如此動人，入了喉，百味交纏，如果因此能領悟出那些酸裡藏著的甘味，我想人生也就不枉走過這遭了。

＊附註：為避免打擾到客人，如今店內已禁止拍照或攝影，書中為昔日舊照。

碗粿枝

古早味碗粿

　　來自台南麻豆的林家自民國四十年移居高雄後，選擇在哈瑪星嘗試落地討生，如今已走過四代。第二代老闆林朝枝因緣際會下，向一麻豆同鄉習得這家常做粿手藝後，初始賣粿，還兼開計程車，甚至未雨綢繆讓下一代也慢慢跟在旁邊學做，竹簍、木櫥、炭爐，裝粿暖粿的吃飯傢伙再重也堅持全扛上身，挑擔沿街扯嗓叫賣，幾年後身體實在吃不消了才改為推車。民國四十一年點燈，轉眼七十個寒暑過去，起先未取店名，是直到民國六〇年代，客人叫著叫著才正式以「碗粿枝」續闖江湖，第三代長女林美雲回憶道，自少女時期歲就開始幫忙，交由她來撐持幾十年來看盡哈瑪星滄桑變化，攤頭能如「枝」字屹立不倒，她感恩兩個女兒也願意全然投入。

　　麻豆碗粿最原始的呈現方式就是粿裡有一塊先炒後滷帶中藥香氣的豬瘦肉塊，加滷雞蛋或鴨蛋，粿體會飄散油蔥酥香。這裡曾一度聽取客人建議加入「滷豬肝」和「火燒蝦」到粿裡，很快發現氣味都太豔太搶，好在因為老客人們都吃不習慣受到敦促，很快即導回正途。做粿只用存放兩年的在來米，預先浸泡 2 小時才磨漿，不用米粉一來是擔心被混摻，二來成品的口感會有明顯落差。遵循傳統，燒熱一鍋水後，會分批將熱水沖進米漿，慢慢地邊沖邊攪，手感成了最關鍵的環節，一次沖進太多熱水粿體會變得過軟失去該有的 Q 度，香氣也打折，但如果直接跳過「沖漿」這程序，影響更大，總之就是偷懶不得。

接著碗底騰好菜料，倒進半熟狀態的粿漿後交疊放進蒸籠，藉熱氣蒸炊一個多小時，蒸好的碗粿放在木抽屜裡，會拿布巾和麻布袋覆蓋保溫，靜待有緣之人。客人對溫度也各有所好，趁熱吃Q彈，放涼後軟嫩些但香氣會更鮮明。

醬料部分，熬製的油膏是底，裡頭加入的中藥材和滷肉湯汁才是讓滷汁風味加乘的獨門妙方，使得醬色偏深但醬味雅致，口味稍重者可再點綴些蒜泥和辣醬。正統吃法，先從粿身劃十字切開，再沿磁碗邊緣輕刮一圈，讓扇形粿肉從碗中安全脫離，叉起，入口，嘴裡半抿半嚼，最後會全化進心底。

早期吃粿用的棒狀竹片，都是朝枝伯親自去挑竹子回來曬乾後，再手工鋸切、削整，最後用砂紙磨平備用，上百支的形狀和弧度都不同，長期被客人握拿也造就出深淺不一的色澤，如今留下的已不多是因為太受老客人喜愛了，陸續被拿走，所以現在主要以鐵叉子取代。

早年提供給客人吃粿配搭的溫麥茶還是繼續提供，那是情懷，民國八〇年開始供應味噌湯，湯裡有油豆腐、豆腐、柴魚和蔥花，吃到最後倒入熱湯俐落混勻碗底餘留的粿渣碎肉殘醬，一股腦喝下肚，人生快意吶。

碗粿枝位在的延平街和鼓元街口，也是哈瑪星最有味道的一個路口，路口四棟伴著老樹、各自訴說著不同老派摩登語彙的弧形馬賽克磚建築，長久以來都是攤頭最溫暖的陪伴，也安靜見證著街區與小吃，如何能歷久，彌新，不敗。

店裡會出現各種磁碗起因於熟識的鄰里當家裡要祭拜時，常會直接借幾個走，有時不慎摔破就拿家裡的來交換，很可愛。

007

寶珠溝東三民區傳統市場裡，安穩踏實的家常肉圓滋味

建興市場

清蒸肉圓

老高雄人口中的「寶珠溝」係愛河水系的中段支流，先有埤後稱溝，是源於清朝調節時雨的水利灌溉工程衍生出的圳溝，分布廣遠，如果按高雄老地名圈出一個範圍，整個大寶珠溝流域東接赤山，西抵大港，南連五塊厝，北可通灣仔內，區域內人口密集，老字號小吃不計其數，位在建興市場內由李家人點燈營生的「建興市場肉圓·麵線羹」即是其一。李家原是台南麻豆人，老頭家幼時即跟隨父母輾轉南下，父親原本是在鳳鳴電台附近的漢口街上賣清蒸式南部肉圓，作為生意子，他從小在肉圓堆裡打滾，耳濡目染，後來靠著這傳家手藝一路拚搏，

終於從寄居別人家騎樓賣到了自家屋簷下，一晃眼已近四十年過去。

固定早上 6 點開賣，下午 3 點收攤，招牌肉圓是南部典型的蒸炊吃法，有別於中部地區的油煎風情。一般在來米磨漿後會騰進地瓜粉來調整粉漿結構，比例拿捏端視各家心法，建興的版本，蒸籠一次大約可騰入 50 顆生圓量，看到沁出白煙時就得趕緊準備見客，這裡的粉皮蒸完後會稍稍感覺軟糊些，但仍保有足夠彈韌度，細細摔打過的肉餡是亮點，一口咬下，是令人激賞的塊狀而非鬆散肉碎，緊實有緻，且調味得宜，是標準

小攤都是變形金剛，備料、製作、攬客用的器具總能
擠出安身立命的地方。

的古早滋味。肉圓澆淋整瓢調醬，點了些蒜泥提味後，隱藏版吃法可再疊上
豔紅的古早味蕃茄醬，吃的時候手勁要柔，外皮一旦有了破綻，本該層疊的
口感也會跟著在嘴裡混亂碎開，碎開的豪邁其實可學老高雄們，最後再直接
把熱湯沖進碗底，連同殘醬碎渣攪拌後一飲而盡，那才爽快過癮吶！

　　帶甜的麵線羹是後期將隔壁攤頂下來才加入的品項，羹裡不見蚵仔或大
腸，而是以魚漿和肉塊撐場。觀察大部分人都是點兩顆肉圓加一碗麵線羹，
再來碗豬腸湯或丸子湯，直接變成「台式早餐組」，因此常會看到熟客自遠
方靠近，人沒到聲先到，迫不及待向老闆娘示意：「來一組！」不賣吃清蒸
肉圓時常搭配的四神湯，改以純豬腸取代，是因為附近已有老鄰居在賣，生
意要做沒錯，但人情義理更須講究，那是傳統市場學裡的必修學分。

　　　　　　　　　　　　　　　　　　　　　　　　　特色早點

邂逅漢堡裡的台式芙里塔塔

來大溝頂旁的老派冷飲早點店裡，

008

姊妹老五

烘蛋堡

　　如果從空中俯瞰，夾在平行的大溝頂與瀨南街間的鹽一市場旁邊，有條幽暗的祕密美食廊道，入口處在「阿貴虱目魚」對面，從頭到尾的鍋燒意麵、台式早餐、沙茶麵、饅頭，無一不是在地人愛的特色吃食，其中「姊妹老五冷飲早點」招牌以紅藍綠紫堆疊的閃亮燈箱，像是指引，也是召喚。老闆娘林蘇秀琴，因為在手足中排行第五，因此人稱「老五姐」，國小畢業後即從故鄉茄萣來到市區打拚的她回憶道，工作兜轉一圈後輾轉獲得了老牌西餐廳的工作機會，也是在那時接觸到了西式餐點的製作方式。先生林清樂彼時也是從故鄉台南下來走

闖的少年郎，在親戚開的金飾店裡當學徒，兩人相識、相戀，但相守一輩子的約定卻是拜賽洛瑪颱風當年襲台之賜，吹走了西餐廳榮景和老五姐飯碗，卻也吹皺了滿池春水，就在那時彼此毅然決定攜手共譜下一段嶄新人生。

　　民國七十九年，老五姐頂下了大溝頂現址的冷飲店，承接了前老闆傳授的心法也奮力四方討教，甚至和同鄉學做起飲料甜湯，那時先生已自立門戶開店，最後索性將自己的金飾店轉型遷移過來，樓上樓下同時看顧，一種複合式經營的概念，先生用又厚又寬的肩膀幫助她撐

很奇怪，店內出色的古早味
涼飲一堆，但不管怎麼搭，
和烘蛋堡都合拍。

持理想，也相信她定能點點汁水幻化成金。對前景的盼望部分也來自於看到
了那時作為台灣首座大型地底商場的「高雄地下街」吸附而來鹽埕的海量人
潮，地下街裡有冰宮有遊藝場有電影院有保齡球館等，娛樂完心靈總也得娛
樂一下肚皮，外溢的人龍會到鹽埕街巷裡找吃找喝，可惜在地下街大火之後，
整個街區也一起安靜了下來，老五姐遂決定轉型開始賣早餐。

　　讓老五姐自豪的烘蛋堡是熱鬧菜單上最閃亮的明星，靈感竟是來自某回
朋友聚會。那烘蛋的口感會讓人直覺連想到義大利煎蛋 Frittata，不過是無乳
酪版的台灣口味。雖名為「烘」但其實不進烤箱，而是在熱鐵盤上溫溫地油煎，
蛋液裡依序會加進培根碎、熱狗片和滿滿玉米粒，甜又香，得耐性用熱氣半
煎半烘去塑型，這樣加了料的蛋體才會「自立自強」。抹上特製美乃滋的麵
包烤香後會先騰入漬得酸脆的黃瓜和少許洋蔥，疊進烘蛋堡後蛋面會擠上包
含古早味蕃茄醬在內的三種醬料才閉合。老五姐笑說原本取名為「豐蛋堡」，
但因為客人常誤唸成烘蛋堡，想想也好記，最後乾脆就錯用下去，沒想到一
躍成為招牌至今。想吃得豪華點可加燒肉進去，大口咬下，以為的地中海風
情此刻會完全變身為島嶼上的正宗台式療癒，配上一杯這裡的古早味果菜汁，
療癒加乘，有些組合就像命定那般必須羈絆在一起，美食廊道裡也是左鄰右
舍交流生活細瑣的情報地，走過來點杯冷飲吃吃早餐，「那食那講」（ná-tsiáh
ná-káng，一邊吃一邊聊），講完就默默閃人再分頭回去忙，那種猶如逛家裡
廚房般的自在感，就是街區鄰里無論再怎麼物換星移都必須存在的原因。

（009）

美濃 成功路上 無店名

木瓜煎粄・客家味粉漿蛋餅・客家菜包

　　拿各色時蔬特別是瓜果來煎粄，一直都是在南部的六堆地區客家家庭裡常出現的正餐或點心。範圍被劃分在六堆中的右堆裡的美濃區，小鎮成功路上有間極其低調的無名早餐店，在那可以吃到，走出家庭後依舊維持樸質原型的正統木瓜煎粄。老闆娘雅倫分享，最初是由婆婆開始販賣，老人家先在家裡把粄煎好，再連同蛋餅和飯糰放上單車，沿著成功路一路騎到美濃人聲鼎沸的柚子林傳統市場兜賣，煎餅離鍋後就開始降溫，但婆婆做的是連冷吃都受歡迎，可見裡頭手藝。約莫在十多年前找到現址，婆婆把好手藝全傳給了她，接棒後，店

內的木瓜粄、蛋餅、客家肉粽、菜包、饅頭、豆漿至今仍全部堅持自製，並持續吸引著舊雨新知上門。

　　客家話說的「粄」，是調米漿去煎餅，除了木瓜，許多出身六堆客家家庭者也會按季節常拿匏仔（pû-á，瓠瓜）或白蘿蔔刨絲和漿來煎成點心吃，匏仔是春夏甜，白蘿蔔是冬季美，粉漿裡頭會用油蔥酥和蝦米來提味，客家阿婆疼孫所以家常版會另外加進絞肉，雅倫店裡的煎粄不加肉，純粹以木瓜肉的清甜來表現，蘸醬則是客家人最愛的蒜頭醬油。乍看這裡的煎粄會以為紅豔瓜肉是用了

木瓜由青到熟，從黃綠相間的果皮可以判斷。

全熟的木瓜，但其實是錯誤的。木瓜由青到熟，我們可以從黃綠相間的果皮出現幾條溝狀的長型條紋來判斷：「五溝黃」代表從果肉的熟度、糖度、汁水和風味都已經達到高點，單吃風味最佳，但拿來料理反而會過熟；所以煎粄用的木瓜在「三溝黃」時就得預先採下，外表看似完熟，但實質口感仍介於青熟之間，木瓜被採摘後，會自動產生「後熟機制」繼續熟化，有些果商會用電土催熟，而放進冰箱則是停止水果熟化讓味道封藏的方式。

　　木瓜全賴家族自己栽種供給，家人們在美濃「上九寮」地區有八分地全部投入栽種，只有在冬季產量略微短缺時才會偶爾對外拿貨。三溝黃的木瓜，礤簽（tshuah-tshiam，刨絲）時仍舊能夠保持一絲一絲狀態，先用一杓水把木瓜肉微微悶煮大約 5 分鐘去青，接著加入有油蔥酥和蝦米調味的蓬萊米漿中下鍋香煎到表面赤脆，早期婆婆是用在來米漿製作，雅倫接手後換用蓬萊米，口感更好，Q 度和粄的黏性也都提升。紅蔥頭也是自己整理自己榨，特調的蒜頭醬油會加白醋，青美木瓜的甜味，和鹹中襯著酸氣與蒜辛味的蘸醬超級合拍；想吃得豪華點，還可以再煎顆蛋放上去做蛋粄。

　　調地瓜粉漿，同樣加油蔥和蝦米，撒蔥花下去煎到外脆內軟的客家蛋餅也好吃；客家肉粽則是在先泡好的長糯米中，加進熟土豆、預先燉滷好的五花肉、油蔥酥和蝦米去蒸炊；客家菜包，麵皮也都是自己下去揉擀，菜餡裡有高麗菜丁、豆薯、油蔥和蝦米，蒸炊 30 分鐘後，見客。在這吃下的每一口都是珍貴的小鎮日常。

　　　　　　　　　　　　　　　　　　　　　　　　　　特色早點

三民區

舊和春戲院斜對面 無店名

麵線糊排骨（肉骨麵線糊）

在地人不言說，總是大排長龍，會讓人忘情吸吮的隱藏版麵線糊

在已熄燈的和春戲院斜對面透天厝內，藏著一超人氣無店名台味攤頭，常常是清晨 6 點就有簇簇人頭一路狂排到馬路邊，全都是為了那碗肉骨麵線糊而來。如果從頭家嬤在市場裡擺攤營生開始起算，至今已風靡鄰里四十多年。彼時克難，麵線得整桶整桶先在家裡煮好，賣不夠了，再機動性以小推車飛奔回家充補，早期每天大概就 4 桶的量，幸而頭家嬤退休後後代人手充裕，攤頭也在多年前遷移至現址。麵線、魚漿、豬腸、排骨，為了要伺候這碗中的四大天王，日日都得凌晨 3 點就爬起床戰戰兢兢備料。

鮮魚仔細打漿塑形，將豬大腸腸壁內多餘的脂肪和雜質清理好，都需要耐性，加進肉骨是神來之筆，不是平日常見熬完湯從大骨剾（khau，刮）下的骨仔碎肉，而是整塊整塊能拿起來啃食的肉骨（bah-kut，豬隻身上帶肉的排骨），選用的是當日溫體現宰豬身上，俗稱「大排」的帶骨里肌，輔以口感更帶咬勁的紅麵線一同熬煮，讓湯頭吸飽肉汁精華，同時排骨也沾滿麵線糊化後甜甜的碎絲。

一般所謂的麵線糊，糊化幅度來自於麵線在濃稠湯水裡想要創造出多少模糊空間，那關乎比例還有火侯，這裡的

許多人會自備小鍋來裝，墊腳伸頭的，深怕稍一不留神又得錯過。

麵線給得豪邁大方，所以麵線反而是在清澈中絲絲分明。

　　頭家嬤時期，還曾加進高麗菜和季節鮮筍點綴，但後來發現外帶時蔬菜出水會壞了滋味才拿掉，有三種吃法可選擇：清麵線、魚漿大腸麵線加肉骨、或不加，加肉骨的版本超級熱門，常常 8 點不到就賣光，因此也有人直接稱呼這「麵線糊排骨」或「肉骨麵線糊」。

　　想像先吞下一口麵線，接著撈起排骨，直接用手啃食，爽快吸吮的同時指頭可能還沾染上香菜、醬味與湯水香，許多人點餐時覺得排骨麵線糊升級加大不夠，還要額外單點，啃完桌上常堆滿一座座小骨頭山，惟忘情神遊之際，請務必小心暗藏在麵糊裡那些碎骨刺的逆襲。骨頭永遠比麵線還快撈完實在傷腦筋，只見老闆頻頻轉身直接往後方推車上那幾大桶備用的麵線糊裡竭力狂撈，晚到者排在隊伍尾段看著心急，也只能祈禱鍋子變成無底洞了啊！

特色早點

011

旗山 無店名

紅糟肉・手工粉腸・米粉麵・黑白切

旗山小鎮上從清晨到傍晚

都幫你的胃細細張羅好的溫情老店

　　走進旗山鬧區的延平一路上，有間沒起店名對外極其低調的老店，由林家人從民國六十二年點燈至今。傳承了三代，由於店內的紅糟肉每每一出場就被眾人鎖定，因此熟客們都乾脆直接稱呼這「旗山紅糟肉」。初始林家從旗山公有市場裡起步，民國七十四年才遷移現址，暢旺生意使得家族內幾乎是全員出動早晚輪班，目前第二代主理的林老闆笑說，「其實我們有起名字叫『宏祥地方美食』啦，網路都查得到，因為商業登記立案需要。」靈感乃擷取合併自他和兄弟名字中的各一個單字。

　　說起人氣破表的紅糟肉，原來是其父親的師傅當年南洋當兵時因緣際會學會的，最後再傳授給林家。紅糟料理係明鄭時期被先民從福建跨海帶進台灣的經典飲食文化，吃法影響甚鉅，紅糟在北部小吃攤常露臉，客庄也現蹤，客家人稱酒釀為「糟嬤」（zoˋma），分紅白兩種，多用以延長食材的賞味期限。林家選用了當日現宰溫體豬肉，口感彈嫩，生肉先用發酵後帶有淡淡酒香氣的紅糟輔以自家調料醃漬，兩面均勻拍裏地瓜粉後，下油鍋，視肉的厚薄程度熱炸約 5 到 10 分鐘不等，肉質附帶的脂肪不多不少恰可讓豬排炸完後油潤芳香，起鍋後要立刻用大風扇吹涼降溫，這樣才不會讓肉排裡散出的熱煙化成水蒸汽後把酥脆外衣弄到軟糊。蘸醬是林家用紅麴、味噌和辣椒粉調製的私房甜辣麵醬，熱酥的紅糟肉片先單吃感受原味，再連著醬料一同入口，搭酒同食則是第三層的爽快，不論何時來吃，躺在檯子上的紅糟肉幾乎都是以熱酥撩人的姿態在引誘著你，每輪一炸好，先不說要好整以暇地送進小櫥子裡去這件事了，常常是根本還來不及吹涼，就被擠在店門口的簇簇人頭全部掃空。

特色早點

如果巧遇前面照片中頂著漂浪白髮、個性開朗的颯爽女子，那是林老闆的姐姐，親切待客的風采絲毫不比小吃遜色。

　　店內另一招牌是手工粉腸，全賴林家人耐性灌製，色澤偏紅是因為豬肉裡加了紅麴，和地瓜粉拌勻後，水燙十來分鐘即完成，口感緊實彈嫩，蘸點私房醬料，味道簡單而雋永。主食類則有炒麵、炒米粉和肉燥飯可選，炒完已入味且溼潤度恰到好處的米粉很多人愛，米粉至今仍是固定和日治時期即開始營生的在地老米粉廠拿貨，米粉要炒得好不容易得仰賴經驗，觀察在地人喜歡點菜單上沒有的「米粉麵」，就是盤子裡頭麵和米粉對半套，老旗山人說，既然缺一不可，那何不同時享受。再配個肉羹或豬血湯就更享受了，如果呼朋引伴，那鐵定要來一大盤黑白切加菜，所有豬雜都是當天早上從市場買回後自行處理，什麼豬舌、豬心、生腸、軟管、脆管等，每樣都無敵新鮮，夏天遇得到綠竹筍沙拉時，別忘了也叫上一盤。

　　老一輩旗山人，有些仍喜歡起個大早，就算冬季摸黑也要幽晃過來搶早報到，點個米粉麵，叫碗熱湯，切點紅糟肉和粉腸，以這豪華的台式早點迎接又一個嶄新的小鎮日常。

012

Lee & daughters 李氏商行
西式早午餐 / 豐盛盤系列

南高雄李氏女兒們爲客人打造出的，
其實早已超越商行本身很多很多

　　對應南方移民大城性格裡始終鮮明的多元調性，近十年來也在高雄早午餐圈掀起陣陣美麗漣漪，競爭可說是格外激烈。越發花俏的空間、餐點求新求變是主流趨勢，店家們無不絞盡腦汁，但能屹立不搖者，必然打出的特色牌裡一定有某部分無可被取代。二〇〇九年從福建街起家、如今已在二聖二路安穩深根多年的「Lee & daughters 李氏商行」，始終是我心中吃 brunch 的首選，老大珮瑜和老二盈璉分別坐鎮在內外場域，執掌廚房的珮瑜姐開店前長年協助父親打理家族辦桌事業，直到二〇〇九年去了歐洲一趟，當起西食偵探，遍訪了歐陸早午餐店、咖啡館和麵包店，回頭這些滋養都成了日後由中跨西開店的底氣，輔以二妹盈璉精巧打理外場、攝影、食材成本控管等事務，遠嫁英國的三妹持續提供最新歐陸飲食情報，日本的四妹則協助規劃行銷合作事宜，李家四姐妹齊心，其利斷金，店名源自待在倫敦時從當地經營的家族小館子擷取到的靈感，經營核心始終緊扣住高雄款ㄟ「Food and Lifestyle」，現在回望，非常成功，因此生意長年暢旺不墜。

　　珮瑜姐天生具備敏銳美感，加上求學時唸建築設計又精研花藝，由她巧手呈現出的料理，從生菜堆疊邏輯、水果切面角度、色彩的混搭與平衡，到光影進來後餐盤上的立體感要怎麼架構，都是一份餐點美味之外她衡量的點。用的食材都極好，豐美生菜長年位居要角，分甜味和苦味兩大配搭來源，有

時不同料理也可能穿插些「燙菜」在裡頭，調醬部分，油醋四季皆有，春夏會以法式芥末籽醬為主，秋冬則大量運用胡麻醬裡的濃郁來鎮住蔬菜的生冷，也藉此調出各色肉鮮和海鮮。

自製麵包有英式瑪芬、鮮奶吐司、比斯吉、貝果等，除了搭配早午餐，店內附設的小烘焙坊也能限量購買，菜單區隔出許多系列，隨著季節變換，好比野餐籃、手撕、冰湖野米沙拉、奶油蛋系列都高人氣，而仿國外 Big Breakfast 概念像小森林般的吃飽飽是李氏經典，不同系列都各有獨特配搭邏輯。不定期驚喜推出的 PopUp 快閃企劃，如英倫夾餡甜甜圈或台味節慶小食等，都意圖使人在尖叫聲中一來再來。子品牌「Lee's Second Chapter 李氏第二章」不定期會推出的「多國合璧」外帶熟食沙拉也眾人愛，堪稱島嶼與異國風情混搭後的餐盒神作。下個階段，這裡也會成為她們最終想回到故鄉林園實踐地方創生裡想的中繼站。

年底店周年慶時固定舉辦的「美好奉獻日」，是姐妹倆感念草創時期的艱難幸而有大家支撐著而萌生出的反饋善念，多年來以市集形式邀集在地質感品牌共襄盛舉，隨著品牌能量越來越厚，這份從美出發的串聯，也蓄積出了更厚實的底蘊，李氏當日販售麵包所得加上

商家們的隨喜奉獻都固定捐獻給屏東援助青少年的機構，可以說來自南高雄林園的李家女兒們為客人打造的，早已超越商行本身，這裡就是個能夠放鬆好好吃頓飯的有愛之家。

＊到 2024 年農曆春節前，店址可能產生異動，請隨時上「李氏商行」粉絲頁查詢最新營業動態。

不管是來李氏吃早午餐或參加快閃，都會讓人萌生錯覺好像正在歐洲某處愉悅地旅行著。

呷

飯

(013)

長生 29

無菜單經典台菜・土魠魚飯湯・煲仔飯・雜菜煲・老火湯

兒時在大溝頂被養叨的舌頭，

成人後在老宅裡將家常之味用心復刻

　　隱身在市中心璀璨光影周邊靜巷內的「長生 29」，可說是近年來在高雄飲食圈崛起的一頁驚奇。各色媽媽味家常料理，聚焦台式古早味卻也稍微跨進港式範疇，老闆王基銘說，他在找的是家的溫度。民國五〇年代生於鹽埕，家就住大溝頂，自幼已習慣了流連於巷弄間被厲害小吃輪流餵養，長大後沒往餐飲發展，卻鍛鍊出了極為敏銳的舌頭，加上長期遊走不同國家從事業務工作，喜愛蒐羅美食，味蕾也越發刁鑽，休假返台時，身邊有幫固定聚會的好兄弟，回回召集，全員就窩在八卦寮的祕密基地，鑽研食材和料理手法，尤其對海鮮特別挑剔。聚會除了敘舊，下廚做菜也讓他不斷重溫起從童年到成年、從島內吃到海外的人生壯遊，最後心中竟萌生出一瘋狂念頭，何不乾脆開個店保留住他記憶中所有美好的「鄉愁」。

　　事業重心移回台灣後，王老闆承租下長生街 29 號這幢典雅老屋，待後方爐灶與人力都準備就緒後，隨即開門邀請大家來吃飯，一道道經典台味陸續被他復刻進店裡菜單中，隔壁 31 號也被他雙拼進來，提供包場式的用餐空間，二樓則是他的私人招待所，以讀書會、茶席、寫字會友，也展示他歷年珍藏的骨董物件，從料理到空間都與人連動，滿溢情懷。

　　這裡的料理味美關鍵就是三個字：「下足料」，且講究來源，好比土魠魚，好貨漸稀，如今市面上常會看到拿石喬或白腹仔來混充，但油脂、香氣、甜度和彈牙感都遠不及土魠。王老闆只收延繩釣、15 公斤以上的好貨，做飯湯或砂鍋定食，如果是珍貴的澎湖野生品種他通常就建議直接乾煎。土魠魚飯湯，

呷飯

在被 Michelin Selected 欽
點前，這裡早就是老高雄們
的 Kaohsiung Selected。

整副魚身醃漬好後塊切，先煎後炸讓表層酥香，將高湯沖入爆了蝦米和紅蔥
頭香的米飯後，筍絲和魚塊跟著下去以焰火微滾使整體味道徹底交融，上桌
前再澆淋香菇肉燥，懷舊極了。從菜尾概念延伸出的「雜菜煲」想吃得先預約，
豬肚、滷肉、白菜、鵪鶉蛋等十來種素材以炭火慢燉，燉好還得靜置一天讓
風味立體厚實；同樣需要預訂的還有各色煲仔飯，土鍋熱煲，起步鍋壁先噴
上豬油，接著將預先浸過的香米下去以熱開水煮滾，米水比例的拿捏是關鍵，
食材細燜，掀蓋後速將醬水沿鍋邊澆淋於底部形成誘人鍋巴即大功告成，雙
腸煲仔飯和豆椒芋頭排骨煲仔飯是大熱門。而以美濃 147 號米、手工豆皮、
滷鴨蛋組合出的炭火系焢肉飯也深得人心。

內用者多會一探店內四道小菜明星：黑豬肉香腸、手工黑輪片、薑泥豆腐、煎
土雞蛋，台味香腸在內門手灌，黑輪片是以 80% 旗魚漿來製作，現烤好蘸著
這裡以魚露、檸檬汁、金桔汁拌香菜、辣椒、蒜頭特調的私房醬汁同食太唰嘴。
吃飯喝湯，炭火清燉的雞湯羊腩煲是出色湯菜，而非常態推出，以瓦罐煨湯，
有出當日就一瓦罐僅約 20 盅的量可賣的港式老火湯，如馬蹄竹蔗煲排骨、雪
耳淮山蓮子煲雞等，有看到公告，飛車來掃就對了！

*附註：因為獲得 2022 米其林高雄青睞，為維持出餐品質，店內暫時改採「無菜單料理」，
上述經典菜餚在人力充足時可接受客製預訂。

雄合味

014

鴨肉本

鴨肉飯・肉臊飯・鴨血糕・
鴨肉切盤・下水湯

呷飯

　　吳家人原本在新樂街上相互撐持，透早飄香到午夜的家族鴨肉手藝，自民國一〇六年後正式分家，樹大開枝，昌盛到一個程度後，分開努力都只是時間必然。吳家有四兄弟，來自台南將軍鄉，起先老二帶頭，老三接著，「鴨肉本」的老頭家吳龍男是老么，小名「阿本」，民國四十三年也追隨兄哥（hiann-ko，哥哥）們的腳步來到高雄闖天下。彼時哥哥已在別人家的飯桌仔習得一些攤頭料菜的技巧，阿本下來先幫忙打雜洗碗，待時機成熟，三兄弟遂攜手打拚賣起豬油拌麵，那時半夜做完事都直接克難睡在騎樓地板，日日提心吊膽會有人要過來收保護費。

　　拌麵生意後來交予二哥，阿本和三哥獨立出來後在新樂街先賣起米糕和四神湯，爾後眼見旁邊鴨肉攤沒做起來遂頂下來轉型，靠著兄弟倆一外一內，早年還在仁武考潭買八分地養鴨，鴨子自養自宰，三代 21 口擠在一起熱鬧過活，轉眼，一甲子飛快過去，分家後，龍男一脈改在富野路和新興街口另起爐灶，「二老闆的店」也開始在老客人間廣傳。如今雖已交棒給後代，但高齡 80 歲的老頭家沒停下腳步，不時都還是能看到他的健朗身影在店裡看前顧後。

　　鴨肉貨源來自高雄湖內區的海埔，選用約莫生長期介於 75 到 80 天之間的菜鴨和盧鴨，當天深夜電宰好後，鴨屍體還溫熱著，半夜一點他們取得後會速速先將鴨身以筷子撐開冰藏，理料第一步是先整隻下鍋水汆，水裡的鴨汁精華

為後續熬煮高湯打下了良好基底，表層浮起的噴香鴨油也大有妙用。鴨子起鍋續以二砂糖燻，放涼再燻就不必壓蓋子拉長時間，色澤自然吃得進去，要想鴨皮煙燻味不致過重，鴨肉依然保留原汁原味的嫩甜，全端賴經驗。招牌鴨肉飯，甜美鴨肉片切後交疊米飯之上，再一瓢噴香肉燥下去，勾魂吶！想吃得更爽快，那就拆成鴨肉切盤和肉燥飯來點，肉燥看似不複雜，但肉丁要燉到仍舊硬挺，入口即化開成陣陣肥腴肉脂，且附著飽滿醬糖與蔥酥香氣，炒功影響甚鉅，這裡全都具備。不好飯食者，那乾吃或湯吃鴨肉冬粉也是極好的。

燙鴨完畢的整鍋鴨汁裡面會續將拆解完的鴨架分批下去一起同豬骨慢滾到化掉，化了就再補，濃縮後的湯頭風味醇厚。費了一番功夫洗滌髒垢剔除筋膜的各色新鮮內臟，也是半夜鮮貨送抵即刻處理起來才不會有腥氣，以人工切出美麗紋路後做成的下水湯品質自然不用說，用心、肝、胗、腸在排列組合，綜合口味老客人暱稱叫「心肝寶貝湯」。菜單上看不見超級限量的鴨脾味道奇巧，要頻率對接得上才懂欣賞，愛好者不少。當日現做鴨血糕是超級亮點，取自一鳳山已合作數十載的老舖，店家會先將米均勻鋪於盤底，接著帶去電宰廠直接和剛取出的溫熱鴨血結合後回頭速速蒸炊成形，因為沒有任何添加物所以不耐久放必須當日料理，米血糕切塊後依舊粒粒分明且軟糯有味，蘸著用薑汁、古早味番茄醬、醬油膏調成的特色醬料非常唰嘴。

分家後，兄弟不爬山，攜鴨仔大軍划湯水，各自激盪香氣漣漪。

呷飯

015

王 義

雞肉飯・限量土雞腿涼切盤・魚肚漿丸湯

由老頭家王義創設的「王義雞肉飯」，至今已在臥虎藏龍的國民市場入口處點燈三十餘年，王老先生早期隨家人從台南移居港都，心思也是奔著想往鹽埕闖，最初他的父親在如今已拆除的富野路早市以「魚丸清」名義賣手工海鮮丸子起家，一較長短者，都是鄰近火熱汕頭鍋物店裡潮汕移民捏製的潮州魚丸。好手藝很快就趕上了鹽埕騰飛的燦美年代，生意做得是風生水起。

王義自己則是在卸下拆船工作後也選擇投入做吃，起先是在高雄知名老店「菜粽李」旁賣腳庫飯和鮮魚湯，後來才轉往國民市場改賣起雞肉飯，如今早已交由媳婦執掌多年，攤頭香氣只增不減。

招牌雞肉飯用的土雞固定和已經合作數十年的老店拿貨，每天清早大量全雞都得先謹慎氽煮，接著堆疊在鍋盆內等著以人工手剝下粗細不一的肉條，混進適量雞皮後會再用特殊訂製的機器絞成最適口的肉絲質地，而肉絲在油潤皮油的帶動下，單吃爽口，不柴不乾。

若做成雞肉飯，在煮得還不錯的白米飯上堆疊爽嫩雞肉後，自家鹹香雞汁再整瓢豪邁澆淋下去，輔以油蔥和香菜

這裡的配菜除了優秀的黑白切料，如小卷、生腸、鯊魚煙，別忘了搶搶看虱目魚翅。

隱約串聯，拌一拌，待碗裡食材雨露均霑，均勻飽和後扒進嘴裡，除了完全不膩口還會帶著一股溫潤鹹香的肉味。

　　擁擠的空間僅能塞進 6 張玲瓏小桌，食客得機靈，因為空位稍縱即逝，工作人員靈巧穿梭不妨礙，大家都能各自安好。來這只吃雞肉無法過癮，至少要配碗湯，汆煮後的雞汁會連同豬大骨再細火慢熬成高湯備用，魚肚丸湯用的虱目魚則是清晨從茄萣新鮮直送。魚肚手切好後整批倒進漿裡，掐漿時的手勁要斯文溫柔，這樣從虎口擠出的生魚肚漿丸才會完整不破碎。裹漿的魚皮湯也優秀，割下虱目魚翅做成的「魚翅湯」則是隱藏版，有熟客就好這一味，限量，想吃記得趕早。皮 Q 彈肉質甜嫩的土雞腿涼切盤也限量，腿肉油亮、嚼感立體、甜而不柴，冰鎮後彈潤爽口的雞皮當成小菜也受歡迎。攤頭用魚肚丸、小卷、虱目魚肚做的海鮮綜合粥，是典型南部風行的飯湯吃法，但 10 點過後當人手吃緊時不見得有時間煮，想吃得碰碰運氣。

　　　　　　　　　　　　　　　　　　　　　　　　　呷飯

016

阿土伯

蒜頭飯・虱目魚／鮮蚵料理

個性低調樸實的老闆林瑞育做起事來精準俐落，故鄉位在內門，投入做吃之前，走闖江湖的人生片段多是在府城發生。三十年前他先開了一間小型女裝公司，從裁剪、設計、製作全都自家一手包辦，手巧，腦筋靈活，天生就是做生意的料，但後來遇上大環境轉型，彼時他並未和許多人一樣將重心移至中國，廠房收起來後，緊接著投入網咖經營，也因為自己愛玩《大富翁》，最常選的角色是「阿土伯」，因此後來熟客乾脆直接就以此暱稱叫他。彼時網咖旁邊是一台南中西區經營數十年的老店，虱目魚和蒜頭飯賣得嚇嚇叫，他長期光顧消

費，到後來直接跑去請益，老闆也乾脆，大方無私傳授心法，習得手藝後，人生第二次的急轉彎，他彎回故鄉旁的旗山，自立門戶開了間「阿土伯虱目魚專賣」，在鎮上賣起傳香美食度日，轉了一圈，心淡泊了些，生活卻更自在靜好。

店內同為要角的是頂著漂浪髮絲的老闆娘，細細前後照顧著所有細節。店面就位在溪洲醫院斜對面，所有料理基本上都和當初所學一致，基調不變，但他分享相較於台南，旗山人吃得更清爽些，因此對湯頭的處理也稍有不同。湯頭是用連肉虱目魚骨和豬頭骨細熬出清

外地人是抱著朝聖的心情前來，在地人則是來還願，還許給肚皮的願。

香甜美的滋味，第一鍋要出的湯水至少就要慢熬超過 2 小時，店內以虱目魚和鮮蚵所衍生出的湯、麵線和粥品，基本上都是靠這鍋湯來變化，旗山不靠海，虱目魚是每天清晨吩咐他人從老字號岡山魚市場將新鮮漁貨載回後自行再做後續處理，魚肚、魚皮、魚腸都是點選時的大熱門，煎炸或煮湯都好，有時甚至會供不應求。

魚片粥裡的魚肉，是用魚骨上連著的那層厚肉慢削下來再人工切片，最後僅以芹菜和蒜頭酥點綴提味，視覺上就像是在吸飽湯汁的米飯和滿滿鮮甜魚肉的碗裡披上了一層黃綠相間的春衣，讓人食指和內心都騷動，既然搭配了青美魚鮮，米飯也就適合口味重些，店內的肉燥飯和隱藏版蒜頭飯都熱門。蒜頭飯裡的蒜頭在剝好攪成顆粒狀後，會先用滷肉燥留下的肉油去熱酥蒜丁，務求將裡頭水分都逼出來，外觀須保持金黃酥脆，但蒜肉未焦化入口時依然保持甜潤，這火候掌控得有老練功夫才有辦法，調成鹽味後速速拌進熱米飯中，蒜酥的油潤甜香會先包覆住米飯，接著往食客進攻，入口都是滿足吶。

魚皮湯是不裹粉的版本，虱目魚頭用蔭鳳梨醬去燉滷，愛蹭魚頭的客人各個都蠻能享受在邊蹭魚頭邊對著碩大魚眼金金看（kim-kim-khuànn，凝視）的情境中，又或者給一顆鼓汁魚頭或來碗魚頭麵線也都吃得眉開眼笑。手工麵線係從台南一老店舖固定拿取，而除了魚頭，豪邁奔放的煎魚腸也是不容錯過的南國風景。

呷飯

017

阿英

排骨飯

　　鹽埕老字號人氣便當店「阿英排骨飯」係由本名陳施金魚的頭家嬤創設，小名「阿英」的她幼時即從鄉下來到都市，在舊聚落的長型鐵皮屋裡幫人賣起烏魚米粉和水果切盤維生。18歲成年之前，眼明心細手巧，在不同攤頭間流轉做事慢慢累積出了自身手藝，直到後來與先生相遇，先生原本在船上工作，靠岸時就會去日本料理店兼差，婚後兩人決議合力賣吃，阿英排骨飯的原型在民國五十二年於焉誕生。

　　至今已走過一甲子歲月，初初他們選在當時的美軍俱樂部前擺攤，主打「台

式風情日本料理」，米糕和燉炊也有，日後鎮店的招牌排骨飯那時也已經出現。幾經遷徙，最後頂下大溝頂現址的格位後成為最終落腳的歸所，歲月裡他們不斷自行摸索、調整、擴充，據老客人吞口水回憶道，這裡還曾經推出過風靡一時的古早味豬肝飯和蚵仔湯，但民國六〇年代隨著高雄工業騰飛，港邊時常有碼頭工人大量聚集，吃飯需求要味重又能吃飽，加上如今的工商展覽中心那時是大型公車調度站，比鄰舊市府，種種因素都帶動了店址所在周圍府北地區的人潮，早期這裡內用，手捧的是碗公，且桌數永遠不夠，想內用者眼睛要利，

椅子一空只要稍加思索，無法趁熱爽快暢食排骨飯，那也只能怪自己了。

　　排骨肉用的是溫體現宰、每天整付完整進來的帶骨大排，分切前都還要仰賴人工細細將多餘筋膜和硬骨剃除，這樣客人入口時才不會卡。烹調時師傅會先觀察肉有無在運送過程被熱氣「悶」到熟化，這會影響對於油炸時間的判斷，入油鍋前還得用手先去感受每塊生肉的觸感，因為裡頭含水量的異同也是油炸變因，有時過多，就需要在肉上多補一刀。醃料則是以蔬菜和阿英嬤當年想出的漢方中藥粉打底，對於帶出肉鮮具有畫龍點睛之效，數十年來配方未曾變過，沾裹的是地瓜粉，生肉醃好拍粉時手勁也需注意，粉太多會掩蓋掉風味，當排骨順利穿上麵衣，經過一番激烈熱炸，夾起的肉排表面散布著粗顆粒，現場一口咬下咯滋作響，在那略略帶了點甜的酥脆感之後是附著於唇齒的肉香粉香，如果說外頭不裹粉直接油炸的排骨肉鮮味是直率的，單刀奔胃，那裹上粉的阿英排骨，滋味裡則是多了份油潤圓融的朦朧美。便當分基本款和特餐款，特餐可加選琳瑯滿目、不做大鍋炒的精緻熱菜來配搭。

　　早期冷藏食材沒像現在那麼方便，有時阿英嬤眼看當日備料快銷不完了，還會到隔壁的霞海城隍廟祈求城隍爺讓她完售，如今再看，兒女們早已接棒，越擦越亮的招牌受到了神佛佛澤的庇佑，可愛的還有店內常出現令人會心一笑的漫畫海報，以及每回鐵門上張貼的超有梗公告，那些都是出自阿英嬤小兒子之手，便當之外，也用插畫與老客人和新朋友交心。

018

崔記小餐館

滑蛋牛肉／叉燒飯・黯然消魂飯・
茶餐廳港點・預約制港式私房家廚菜

香港出生、香港長成的 Eddie 自小就對台灣懷抱憧憬，26 歲那年，台北有個機會找上他，他毅然決然放下工作就飛了過來，自嘲害怕和別人對話，平時最愛出海安靜釣魚，但開店是為了圓夢，同時也成了人生的修煉。台北兜轉一圈，轉得不太順，好在經驗和廚藝都還是轉進了腦袋裡，加上兒時長居香港屯門，燒得一手好菜的崔媽常吃喝家族親友聚餐，讓他不只耳濡目染，根本是坐擁行動料理顧問，和太太 Vicki 婚前就一起搬回了她的故鄉高雄，企圖再衝再闖，將夢想高唱。第一間店是開在復興路上的「崔記茶餐廳」，初期品項單純，過程伺機擴充，十八年遷移

至二聖路並更名為「崔記小餐館」後方方面面臻至完熟，於是他將記憶中經典的香港茶餐食在港都一一復刻，死忠飯友開始年年緊追。檯面下，時不時訪台探子的崔媽，回回小露幾手的預約制港式私房家廚菜，也讓一幫落地港人魂縈夢牽。

店裡招牌的滑蛋牛肉／叉燒飯，每盤都用了 3 到 4 顆不等、台南小農產的紅仁雞蛋去滑，熱鍋冷油時蛋液就下去，轉小火細細鏟動，崔記特色是芡水用得極少，主要靠豐滿蛋汁滑出飽滿水嫩又香濃的質地，和叉燒塊或牛肉片緊緊交纏後，私房醬汁淋下去，客人舔盤只是

菜餚裡倒映著的都是老香港，看眼鏡配掛錘鍊的崔爸和笑聲爽朗的崔媽，好似從長壽港劇《真情》裡走出來的人物，小倆口延續著，讓崔記氛圍多了份家香！

早晚問題。電影《食神》裡搶眼的黯然消魂飯港人叫叉蛋飯，以蜜汁叉燒和半熟蛋拉出主調，腴美肉塊崔記以中藥材、香料和醬糖醃漬，港味的磨豉醬和海鮮醬從中巧妙穿梭，玫瑰露酒也不可少，必得有暗裡飄竄的酒香，叉燒肉才有辦法抵達靈魂深處，且 Eddie 堅持著的是粵菜文化裡的經典組合，因此最後還會再刷上一層蜂蜜催生蜜汁，叉燒在崔記主食類別中扮演要角，叉燒批和叉燒餐包則是和雞批、港式蛋撻一樣有客訂開團才做。銷魂只為有緣人的，還有根本不在菜單上的隱藏版脆皮燒豬，而崔記用羅漢果和蝦皮同生抽煮製醬水乾炒的河粉系列，猛火催鑊氣，食到碗底幾乎不見殘油，也值得一嚐。

烤吐司和法蘭西多士這類別則根本是要人直墜糖食地獄，各種欲逼人肥滿的甜醬穿梭其中，西多士先以鮮奶吐司沾裹蛋液下鍋半煎炸，香港味吐司夾層抹了花生醬，再澆淋煉乳和用來取代黃糖漿的自煮焦糖醬，流沙口味則是一咬開就奔流的噴香鹹蛋奶油醬，都必須趁熱。絲襪、鴛鴦和凍檸茶都用上了自選的三種茶葉，來回對沖出茶咖色的茶膽打底，只是濃茶比例各有不同，但永遠茶是主奶是輔，崔記兌進的是用百分百新鮮牛乳製作的黑白淡奶，因為奶脂夠，熱喝還會掛杯，滿嘴溢散茶香濃韻。鴛鴦同樣是香港西茶檔裡不可或缺的存在，崔記精選了中焙現磨的義式 espresso 去兌手沖港式奶茶，另外留了半 shot 給客人自行發揮。或者在濃重主食之後來杯鹹檸七也好順，醃漬鹹檸檬悉數進口，真材實料喝起來鹹甜之外還帶甘味，配上用芝士和叉燒奄列或者番茄豬扒做的波蘿包，就成完美午茶。

【正】內惟劉家

市場秒殺傳統南部粽・中藥羊肉爐

安靜唯美的內惟大廟—神福祠鎮安宮，主祀池府千歲，長年來一直都是內惟人重要的信仰核心，廟體建築不僅恢弘大氣，鎮安宮也是常民口中所謂的「樓頂廟」，殿堂之下隨香煙向旁邊拓散出去的，是以向來提供大量優質卻平價的鮮果菜肉和吃食打動人心的鼓山第三公有市場（內惟市場）。避開人潮順著廟牆旁九如四路1460巷的巷口鑽進去，中段位置，會遇到一不起眼、上頭僅掛著一塊紅底黑字招牌寫著「內惟劉古早味肉粽」的尋常小攤，不到時間，工作檯上空空如也，也不見攤主身影，但旁邊整排塑膠椅中午過後都已被熟門熟路者坐滿，大夥搧風噏語，只是安靜地等待。

劉家攤頭上有兩大鎮店明星，一是傳統南部粽，一是中藥羊肉爐，前者每年約莫元宵過後露面，會一路從三月熱賣到十一月，後者則是十月初登場到隔年二月，兩者只有極短的時間重疊，但相同處是想吃都得耐著性子排隊。很多人從老頭家那時候就開始吃，至今也快四十年時間，第二代接棒後拜網路時代崛起之賜人氣不減反增。包粽人手每天量能固定，現場能提供的量都會掛在攤頭手寫小牌上，多落在45到48串之間，下午2點到2點半中間發號碼牌，第一批3點半讓人付錢拎走，4點出第二批，一串20個，一人最多就只能買一串，等

整串肉粽因為料下足下滿，拎著會像街頭小重訓，但迫不及待路邊吃者，各個氣定神閒。

待時間漫長，現場大夥自發性數算人頭，超過數額了還會幫忙勸退，沒拿到牌子者，明天請早，氣氛熱絡到會讓人誤以為在排買演唱會票券。

　　時間一到，騷動聲會往某個小巷聚焦，成串成串水煮粽就狂野地堆在竄出頭的機車前座，只見老闆雙腿左右懸空架著，氣場強大到畫面真的就像巨星登場，緊接著看他火速把還溫熱著的粽子們輕柔放上桌後，一溜煙就又騎著車從另一端神祕的地下車道消失得無影無蹤，而飢腸轆轆的食客們早已拿著小牌蓄勢待發，粽子整串整串被裝入提袋，桌面淨空速度快到好像從來沒有事發生過！只有提袋者一旁堆滿笑容。

　　這裡的肉粽之所以好吃，關鍵就在用料本本分分，紮實飽滿，是很傳統的南部風味，剝開粽葉一口咬下，裡頭餡料的占比幾乎快搶盡糯米飯的光環，粽米水煮後軟糯入味口感綿密緊黏，星星點點的油蔥酥出沒在糯米之間提點了香氣層次，內餡有兩大片入味的香菇、鹹蛋黃、和爆量花生，豬肉塊肥瘦相間，但肥肉的油脂已被水煮到部分化進米飯裡，使得粽子整體更顯油潤芳香。現場直接嗑，要的是一種到手後的滿足，如果是回家放涼個幾小時再吃，那立體鮮明的 Q 彈口感就會變成人耐性等待後最好的賞賜。秋冬換秤斤論兩賣的中藥羊肉爐登場，使寒風裡的小攤保持炙熱，總有人願意為這秒殺風景千里奔波而來。如果夠幸運，得到旁邊長輩們掃來關愛的眼神，或許還能分個一兩顆帶回家解饞，南部濃厚的人情味啊。

　　　　　　　　　　　　　　　　　　　　　　呷飯

(020)

北港蔡

筒仔米糕・蒸蛋湯・乾蒸蛋・台式小盅燉湯系列

如追溯過往，「北港蔡三代筒仔米糕」從阿祖那輩在北港熱賣油飯開始算起，實已飄香四代，在人稱「油飯圳（俊）仔」的第二代老頭家唐裝裁縫生意凋零後，輾轉帶著耳濡目染的好手藝南下鹽埕，後以獨家改良的筒仔米糕闖出盛名。從大港都鐵頭店附近，南興後街上借用親戚家騎樓開始營生小小攤頭，一九八九年移居現址後，如今早已不可同日而語。老闆蔡翰佳算是最新接棒的一代，他 22 歲退伍做到現在也快三十年時間。

這裡的筒仔米糕和一般常見做法不同之處，在於傳統是將生米直接塞進小圓筒中，家中既然以油飯起家，南遷後發展出的改良式做法是：將生的長糯米先用木桶蒸炊 40 分鐘煮成熟飯，拌入滷肉燥當成米糕雛形，圓筒內由下往上依序填入炒香的胛心肉、肉燥，最上層才是拌勻的噴香糯米飯；接著還要再二次蒸炊 15 分鐘，關鍵是蒸好要放涼靜置，這是飯香能否全部釋放的關鍵；等到開門做生意時，再把米糕送回保溫蒸籠中，讓米飯有機會做第三次加熱。肉燥組合了胛心肉肉條和剁細的豬頸肉，豬頸肉碎需下鍋熱炒以火逼出油香，肉桂和五香等中藥材陸續下去燉煮到入味，米糕上桌前，會再澆淋以肉燥表

觀察有些熟客們點餐都是不眨眼一套一套地叫，但全是叫給自己吃，翰佳哥的手沒空停。

層那噴香豬油脂兌醬油變身成的私房醬汁，誘人吶。

　　蒸蛋湯是這裡的另一項明星產品，聽蔡老闆分享，蒸蛋本身即是北港家庭餐桌上常會出現的家常菜餚，早期阿公體恤大家口袋不深，想吃蛋又想喝個熱湯，於是乾脆將兩者合而為一。道地台式作法，蛋液攪散後不再過濾碎渣，這是倒扣後不會塌陷的關鍵，保留蛋性蛋體也會更加牢固，接著蛋液裡會加入豬大骨高湯、調味過的生胛心肉和事先炒香的香菇一起蒸炊，噴香關鍵是在蛋液倒進圓筒底部前會預墊一層滷肉燥的肉油，因此衍生出只有熟客才懂點的隱藏版吃法不加湯的「乾蒸蛋」，包準你滿嘴都是濃郁肉香。

　　米糕必加顆鐵蛋，然後再配上台式小盅燉湯，除了搶手的蒸蛋湯，由於北港是早年農業社會物產集散轉運的重鎮，蔡家初始在取得食材上占有地利之便，時至今日，店內招牌的鹽菜鴨湯用的鹹菜，仍來自鄰近北港的雲林大埤，傳統鹹菜做法都是靠人工一層菜葉一層鹽巴堆疊而上、最後弄成一柱一柱，因為每層鹹度不盡相同，拿來入湯也讓每天的湯汁滋味隱約不同，但鹹鮮菜葉都完美地襯出了鴨肉的嫩甜。排骨酥湯則是用中藥燉製，炸到酥香的排骨醃製過程費時費工，經私房香料調味後約需靜置 2 到 3 小時，續下鍋用自製豬油混合燃點較高的油大火酥炸約 20 分鐘，湯頭滋味厚重。旗魚環湯則是蔡老闆的朋友研發出來的專利，二十幾年來持續穩定供貨給他們，百分百旗魚漿加上豬油，做成環狀是因為導熱較快，也讓口感相較丸狀變得更加彈脆。

粽葉裡纏繞著許多人童年記憶，

返鄉再嚐到的都是舌尖上的鄉愁

○021

肉粽伯

古早味台式肉粽・菜粽

　　清早順著街區灑落覆蓋在身體的魚肚白光，接近大仁路底時已聽到人聲轟鬧，再拐進「黑乾溫州餛飩」旁 242 巷的巷子內又開始安靜下來，這裡有間隱蔽在傳統早市裡，傳說中有夠難找的無名肉粽店，網路要搜尋「鹽埕阿伯肉粽」才找得到零星資訊，但坐鎮店內的阿伯是老闆王燦雄，在地人都習慣直接稱呼他叫「肉粽伯」。

　　頂著滿頭漂浪銀髮的肉粽伯，穿著輕鬆又帶著運動風，16 歲喊賣至今，從當年昇平的瀨南街金城戲院附近開始，十多年前輾轉遷移至這幢靜謐小屋落腳後仍舊傳香不息，按父輩起算，家中專

心賣粽已超過八十個年頭，而眼前這個身手靈敏的開朗歐吉桑，完全讓人看不出已邁入耄耋之年。

　　清晨 6 點半開賣，視體力、視人手，有時視突發狀況也有可能稍微晚一點見客，肉粽伯說，一天的量他大概是抓 200 到 300 顆不等，表定是營業到 12 點半，但其實常常提早賣完就收攤。店內趕早來吃粽喝湯的都是老顧客，他們心繫家中幾代人都曾被阿伯好手藝豢養過，共同飄香的記憶歷久彌新，靠的正是店裡始終保持穩定的古樸手藝，無論如何物換星移。一早攤子前成串成串剛起鍋的

忙完了，夫妻倆偶爾喜歡相
約去爬柴山，訪友泡茶，親
山聽海，瀟灑愜意。

水煮粽堆得像小山高最吸睛，吃法完全就是南部古早粽的黏糯風情，現在外頭想找到已經越來越困難了。賣的品項簡單，只有肉粽和菜粽，菜粽就是土豆粽，點畢，只見阿伯俐落地拆繩、剝葉、淋醬、灑粉，動作一氣呵成，接著腳踩球鞋，步伐靈動地端著燒粽和熱湯準備出餐。

用叉子劃開仍舊相互緊緊糾纏著的粽米，煮透的米粒軟糯不糊爛，聽肉粽伯分享，早年包粽還能選到三年以上的舊米，帶出的嚼感和香氣最好，現在難找了，但店內用的都還是至少一定要放兩年以上。嘴裡滿溢的不只糯香，還有肉香，餡料也急著想露臉見人。有豬肉、有鴨蛋黃、有花生，肉塊肥瘦相間，瘦肉占多，輔以咀嚼間從花生蹦出的細甜，滋味清爽可口，澆淋醬料後再撒瓢花生粉是南部標配，只想要軟糯細甜者就選菜粽。有滿滿豆腐和小魚干的味噌湯說不上來，就是必須和粽子一起出現這餐才算完整。粽子滋味雖不到驚天動地，也不追隨潮流拿什麼名貴食材來填塞，但有時安安分分，反璞歸真，反而更耐人尋味。

肉粽伯主力前線銷售，還有與老客人天南地北的盤擱（puânn-nuá，交際閒聊），太太則坐鎮廚房負責洗、備、包等前置工序，兒子和媳婦近期也開始投入幫忙，顯露出接棒意願著實讓人欣喜，肉粽伯每個月只有農曆初三固定隨市場休息，但買氣最熱的端午反倒會避開，因此農曆五月固定會放自己一個月假休養生息，喜歡，也佩服那裡頭的人生智慧。

　　　　　　　　　　　　　　　　　　　呷飯

○ 022

鹽 埕 區

琴 姐

土魠魚粥・魚肚粥・隱藏版魚肚丸粥・香菇肉臊飯・肉臊油條

　　隱身在鹽埕北斗街上的「琴姐土魠魚粥」，是許多在地人吃早餐時私心放口袋的祕密店家，店內浩蕩女子軍團由人稱「琴姐」的老闆娘林秀琴領軍，現場滾湯、備料、煮粥、料菜行雲流水的節奏都是光陰的打磨。

　　店內用青美魚鮮打造出各色粥品和麵線，不僅常吸引南部名廚和外燴師傅們收工後低調前來吃飯，高勞動性工作者更是清早上工前就相招（sio-tsio，彼此邀約）來這點滿整桌澎湃好料。曾遇到鄰桌老客人用讚賞的語氣說，琴姐夫家原先就在這賣吃，生意暢旺，後來她的先生轉了個彎

去跑車，回頭重拾鍋鏟因為惜情，不願和鄰居們做的生意品項重疊，於是才催生出這間玲瓏小店。

　　不論是鮮魚湯或是煮魚粥，靈魂關鍵的高湯滋味之所以濃郁甜美，都是用大量成片完整虱目魚肉連同魚骨慢熬而得。土魠魚自家有固定管道能穩定取得貨源，到貨後全部按部就班處理，因為肉質新鮮緊緻，單純香煎到外脆內嫩後會直接剁成片撒在飯上，如果點的是土魠魚粥，已炊熟的白米飯會先疊上土魠魚片、豬肉條、肥蚵後，續以芹菜珠和油蔥提味，最後再把魚高湯熱澆進碗裡，

餐桌往外看，騎樓下忙碌的身影是中景，點綴的遠景
裡是來來去去的老鹽埕市井，時光散落一地。

入口時米飯依舊彈口，湯水澄澈清盈，南部道地飯湯風味，再加點油條塊去
吸飽湯汁，嘴裡多了點油潤感，整碗吃來是更加暢快。虱目魚粥則是用魚片
去煮，也可豪邁點選整片魚肚來做飯湯，菜單上沒有的魚肚丸粥則是超級隱
藏版，魚肚丸也是她們自行打漿裹魚肚滾煮而成。

　　香菇肉臊飯也是高人氣，琴姐選用了肥潤的三層來做肉臊，肉丁全用手
切，絞得過於細碎滷到最後全化掉反而會太油，香菇爆香分開處理，最後才合
體，光是熬這鍋肉臊就要忙上 4 小時，但噴香程度會讓人扒飯扒到手軟，如
果把肉臊澆淋在油條上，軟化後吸飽肉香又是另一道衍生出的邪惡小菜。同
樣給人配飯用的白菜滷，光是每天剪扁魚都會剪到手痛，傳統台式家常風情，
每天限量兩大盤，賣完只能隔天請早。店裡頭從人到物都有一種爽朗和率真，
想像當全部都反映在料理上時，你說怎能叫人不陶醉。

呷飯

芩 雅 區

（023）

南洋食府銳記 Ruiji

（海南）雞飯・南洋海鮮乾拌粗米粉・咖哩雜菜・焦糖咖椰 Kaya 土司

　　二〇一九年才點燈開業的「銳記 Ruiji」，很快就以品項多元又洋溢熱帶風情的道地南洋料理在高雄竄出頭，特別是店內招牌之一，從星馬原汁原味搬回來的雞飯。老闆 Alvin 本身是新加坡人，娶了來自屏東萬丹的太太 Queenie 後，倆人先在當地開了間小飯館，那是銳記的前身。遠嫁十幾年後，回頭在故鄉展店，親姐妹俊秀和家瑩聯手替她撐持店務，自此不打折扣的南洋風味開始飄洋過海而來。

　　海南雞飯在星馬多直稱「雞飯」，概念上是早年由華人移工從海南島將當

地文昌雞飯的吃法帶入東南亞各地後再變形而來，但烹調手法與雞肉口感已不盡相同，吃法特別時興於星馬一帶，但也會在印尼和泰國等地現蹤，最先創造出海南雞飯吃法的人如今仍會看到幾派說法，但源頭始於馬來西亞是可以確定的。銳記會先熬好鎮店用的雞高湯，幾乎連同雞飯在內的每道料理都會用到，以大量雞架骨和包含香茅與班蘭葉在內的數種香草去熬。雞肉部分最早星馬會拿在鄉下放養的甘榜雞（Kampung Chicken）來做，肉質較硬實，Queenie 說現在早已供不應求，因此店內也和新加坡多數店家一樣使用肥嫩肉雞，針對台灣人愛吃

吃雞飯時很看師傅片肉的功夫，而想一次把銳記美食掃光則很看天賦。

腿肉的習慣，銳記並無提供雞胸或老新加坡人獨鍾的雞尾等部位當選項。

　　生雞腿肉在雞高湯中只燜不煮，燜雞時間會視鍋子和雞腿尺寸等變因而不同，雞皮紋路和肉質緊實度的變化也是觀察重點，拿捏得不好，腿一切開仍見紅，雞汁也已流失大半。以泰國香米煮飯，僅用醬油、麻油和香料來提味，不加雞高湯也不再勾芡，讓米飯氣味維持清爽純粹。紅辣椒醬也是白雞飯靈魂，Queenie 係以小辣椒和薑蒜，加上私房配置的東南亞香料一起打碎做成辣醬。白雞飯搭配的甜酸漬菜是由星馬常見的娘惹阿雜（Nyonya Acar Awak）簡化而來，非常爽口解膩，與店內另一道燒雞同食也合味。

　　銳記的南洋海鮮叻沙也很厲害，湯吃鮮濃，乾拌則過癮至極。叻沙醬是先十多種香料打碎後油炒，再加進星國一老師傅傳授的祕製海鮮醬配方而得，配料放了蝦子、海瓜子、魚板和豆包等，再撒上絞碎的乾叻沙葉，用麵或粗米粉來乾拌海鮮叻沙同食很涮嘴。咖哩醬也千變萬化，可以試安蒂咖哩雞飯配烤白麵包或南洋咖哩雞，銳記咖哩雜菜則讓人眼睛一亮，會有吃白菜滷或什菜的錯覺，還可再來碗白胡椒肉骨茶湯。甜點大推店長俊秀的精心傑作——焦糖咖椰 Kaya 土司，非班蘭葉式或椰糖式的咖椰醬，做成了焦糖口味，卻不用擔心像一般普遍吃到的版本容易死甜，銳記的版本是甜香裡會回甘，且甜醬口感滑順沒有顆粒感打擾，醬色閃閃發亮，再搭個薏米水、酸柑水，或南洋奶茶，東南亞僅剩一嘴之遙。

○ 024

Uben

台式油飯・麻油雞飯・辦桌羹

　　用了油飯台語唸法的俏皮諧音打造出的品牌 Uben，係由結識二十餘年的好姐妹共同撐持，總是神龍見首不見尾的張簡 Fanny 負責打理廚房料區，外場五花八門的狀況就交給氣場強大的大瑩來壓。她們避開熱門地段，選在鹽埕舊時悠悠的府北區塊點燈，一來是租金考量，二來這裡的街廓帶著某種老香港的樓廈風情，周圍又被証鈺和亞倫等人氣老商行、沙多宮五府千歲和神祕的賊仔市給環繞，因此來這一趟，顧客們能近身感受到老城區揉合時空與人情陳釀後的雅韻，與品牌意象也極為貼合。

　　雖是外來者，但沒過多久她們就和鄰里婆媽們打成一片，這是原先待在時尚產業的兩人練就的本事。Fanny 說，能夠毅然放下光鮮亮麗的工作動力全來自想陪伴家人的心情，彼時由於長輩離世加上公司策略調整所以她萌生了轉換跑道的念頭，大瑩則是銷售頂尖的資深櫃姐，最後也決定跟好姐妹一起打拚。會主打各色加料蒸糯米飯是因為 Fanny 自己從小就愛吃，加上娘家長輩是大寮一帶總舖師，兒時不管是生子或滿月，家族親友總會歡聚一堂「燴油飯」（tshìng iû-png），燴是一種食物用少量的水半蒸煮的烹調形式，她為了想在老商場裡複

做吃總不忘穿搭的她們，堪稱時髦的「辦桌姐妹花」，讓吃法也跟著摩登起來。

製出這滿室生香的童年畫面，遂憑著一股傻勁投入從零向親戚學習，光是掌握蒸炊技巧就來回了半年，開店要領也得學，鋩鋩角角（mê-mê-kak-kak，事物要緊之處）更多，過去跑市集亮相的時髦三輪餐車如今就停在店門口前，時刻勵著自己已走了好遠。

　　招牌油飯做法和外面略有不同，長糯的舊米進貨後不浸泡，也無須過度搓洗，一爐 4、50 斤起跳的生米直接下滾水燴，再以大火蒸炊，時間視米性乖劣和氣候變異彈性調整。豐滿炒料有香菇、帶皮三層豬肉、魷魚，以及從東港拿回自己剪鬚的中蝦乾，輔以油蔥酥、肉桂、自家調配五香和鼓山在地老舖古法釀造的手工黑豆醬油。料炒好連著糯米飯慢慢攪拌融合，手拌的時候，火不能大，要確實鏟到鍋底，光是要把糯米拌攪入味，又要保持嚼感分明不破碎就是門學問，米飯裡的水分也得走乾淨，如果呈現軟爛狀態，容易壞。

　　麻油雞飯採取同樣做法，只是餡料換成溫體連骨的切塊仿仔雞。先用屏東崁頂黑麻油爆香老薑和雞肉，再以紅標米酒和老舖醬油提味添色，同樣做法，口味也能置換成麻油松阪豬，或清爽素油飯。辦桌羹則是從辦桌的「二路菜」轉化而來，讓上門客人吃飯可以配搭，羹裡肉條、肉漿、北港蹦皮、香菇絲、木耳絲、草菇、金針菇、紅蘿蔔絲、大白菜穿梭交纏，同樣以扁魚熬製湯底但把比例下降，喝來更加爽口，吃之前記得點些紅浙醋和她們祕製的紅油辣醬提味。有時假日還會出現隱藏版的限量辦桌菜餚呐。

025

西蜀榮昌川味

牛肉麵・豬腳麵・酸豇豆・私房麻辣醬拌豆腐

　　隱身在市井清巷民房內的「西蜀榮昌 川味牛肉麵」，是高雄一低調至極的老字號麵館。由羅家人點燈營生，老老闆是四川人，戰後跟隨國民黨政府抵台，兒子羅建國接棒後回憶道，彼時老兵口袋不深，想吃就要自己想辦法搞，所以廚藝普遍不錯。時空拉回民國五〇年代，羅家由於嗜辣的家鄉傳統，又重麵食，且取得牛肉不難，過程中不斷邀集老鄉試吃，風味定調後遂催生出了這碗家傳的川味牛肉麵。民國六十年，羅家在青年路上開了一代麵館，幾經遷徙，最後終在民享街巷內安定下來，如今已傳承三代，門前「蟠龍」、「西蜀」、「榮昌」

等字都像是進去前溫馨提醒著時空即將置換，在褪了色的空間裡有不褪色的香氣正對你隱隱召喚著。

　　牛肉、麵條、湯頭是牛肉麵的三大靈魂，羅老闆說，早年父親紅燒牛肉以水牛和黃牛為主，因肉質重且含鐵量高，想燒到彈牙的程度，得燜，6、7個鐘頭跑不掉，燜到肉裡的纖維都斷掉時才會開始入味，現在則是直接向屠宰場拿取當日現宰的本產肉牛，因為脈絡不變，滋味依舊，原肉只取牛隻的四個部位，回頭再自己手工切塊，這樣的味道最土（原始），卻最真。只要牛肉新鮮，基

有定居在高雄極高齡的香港
朋友三不五時就要來這「吃
香喝辣」，自備解辣冰可樂。

本上就無須擔心甜味出不來，紅燒時每道食材入鍋都有次序，肉塊燉煮會經
歷大火、中火、小火三個過程，火侯要懂收放，先熬再燜，這裡的牛肉塊色澤
偏深，是因為起鍋前還會再經過一私房工序來增添風味，如果拿到老牛也不擔
心，雖燒製時間會拉長，但還是看師傅技術，燒得好肉味反而會更顯醇厚。

　　花椒和豆瓣醬也是關鍵，不同品種花椒表現皆不同，麻香盤旋和麻味勁道
與否是兩個基本觀察指標，店裡用了來自四川漢源的小紅袍取代常見的大紅
袍，大的溫潤，麻感止於舌尖，小的則是會先沉進身體裡，再慢慢地往上回竄，
就像花椒界裡的竹葉青。豆瓣醬要煉，把裡頭的酸氣和水氣煉走，豆香氣才
會更出來，過程手要一直攪動不能離開視線，怕糊，怕焦。下的麵條是寬扁
形中條麵，同樣固定每天和中正早市裡一春捲攤拿取，一般麵條只壓兩道半，
這攤的麵條會來回壓四道，促使麵體密度變小變得更為緊實，搭著牛肉口感
也更爽彈來勁。如果不吃牛，外省風味的豬腳麵也大推，同樣紅燒做法，但
辛香裡不放八角，純粹靠久燜帶出風味，肉汁和膠質最後都完美被鎖在裡頭。

　　安靜陳列在角落櫥櫃裡的小菜明星們，除了各色滷菜已滷到通透入味，
那道「酸豇豆」千萬不容錯過，先用第二、三道洗米水來醃豆，另外再把小
紅袍文火慢炒出的花椒鹽，放涼後下到泡豆水中，夏季約莫養個 3 到 4 天，
冬天則至少要一週，如果生花就倒些高粱酒下去殺菌，完成後的醃豆那天然
迸發的酸香氣超級迷人，嗜辣者，那道麻辣醬拌豆腐可千萬別錯過。

　　　　　　　　　　　　　　　　　　　　　　　　　　　　　　　　呷麵

鄭家

切仔麵・米粉湯・各色切料・白斬雞

店面雖隱藏在幽巷裡，但料理總是自帶強大氣場吸納到訪者的所有眼光

　　「鄭家切仔麵」如果從第一代老頭家鄭其水先生，自民國十七年沿街挑擔叫賣起算，至今已走過接近百年。當時討海維生因為不好賺吃，他遂從茄萣來到鹽埕四處鑽研後開始經營起切仔擔。摵仔麵（tshik-á-mi）是台式經典的麵食型態，坊間「摵」字常被用「切」字表示。早期擔子會固定挑到鹽埕街附近三角窗，旁邊牆壁上的長板就是現成飯桌，米粉或麵煮湯，再搭賣切料，最後生意不僅做起來，連日本人都愛。民國三十九年比鄰的國際戲院成立，熟客還常跑來點了麵整碗端進裡頭吃，是在第二代於民國六〇年代初期接棒後，才開始逐步擴充海鮮等品項，第二代老闆娘辛春足回憶道，配

合至今的攤商都至少有兩代交情，傳統大麵和米粉到現在仍是固定和鹽埕老字號的新順發製麵行叫貨。

　　第三代老闆鄭志峰熟稔地在工作檯燙麵切料，按部就班的工序從阿公那時延續到現在沒有變過，湯頭以燙過豬雜和燜煮完全雞的湯水去熬，舌尖敏銳者還會發現，湯裡的甜味夏冬不同，係對應時節後以筍子和菜頭提鮮之故。每頭豬都有肉販口中珍貴的「兩件皮」，分布在背脊處左右兩側，皮脂品質極佳，鄭家拿下層白厚脂肪煉好豬油後，再拿來炸成日曬蔥仔酥，這裡的油蔥酥位列

店內仍高掛著老頭家日治時期創業時由日本友人拍下的照片，和料理一樣，帶著優雅時間感。

鹽埕區前三強，點碗湯米粉，醇美湯頭輔以畫龍點睛的油蔥，先用力吸個幾口米粉，湯水跟著見底都只是轉眼的事。這裡醬油膏也自己熬，連蒜泥都自己壓，每天開店前洗好的生薑還得細細人工手切絲，十足費工。

　　豬雜鮮美無比，這裡除了心肝舌肺生腸，還有現剝的大骨肉可點，海鮮也有小卷、魚肚、鰡魚等。食材每日清晨從鄰近大菜市親自挑選回來處理，剃筋除膜連表層包覆的薄油也不放過，生腸並非天天有，因為好壞差很多，「兩件皮」的上層豬皮厚度夠，Q度和彈性都好，捲裹後用高湯氽燙，再冷卻分切成立體波浪紋狀的豬皮也成為火熱小菜，白斬雞則是隱藏版，上桌的仿仔雞，做白切，肉質依舊嫩口甜美，煮製過程的火侯是關鍵，內行人都知道要早早過去爭搶必點的雞腿。實在是環環面面全都細節，因此來這裡容易就會欲罷不能地狂點，導致荷包完全破漏，因此這也被在地人戲稱為「好額人麵」（好額人，hó-giáh-lâng，有錢人）。另一個暖心的細節則是滿桌菜餚只用熟悉的玫瑰磁器盛裝，原因無他，就是安全和衛生考量，磁器易碎，回回都是冒著成本上升的風險，但鄭家堅持這麼做，且每兩個月就要全面大消毒一次，已退休的辛春足回憶道，早期還在三角窗時，就算環境克難，用水不如現在方便，她和大姑也堅持每天大老遠去把水提回來燒熱後洗碗，就算人在孕期中，挺著大肚子照樣執行。隱藏在幽巷裡的鄭家，很容易被旅人掠過，雖少了大鳴大放，但料理自帶氣場，愛的人自會千里迢迢尋香而來。

呷麵

（027）

江西傳藝

風味外省麵・牛肉麵・滷味拼盤

　　來自高雄內門的鄭清庸，19 歲即出社會磨練，先向台南官田職訓局投石問路，後輾轉踏進廚界。初始窩在北方麵館裡做學徒，高雄幾間館子如天福樓、貴賓樓、御膳園都曾待過，江湖兜轉一圈到頭卻是散盡積蓄返鄉。彼時庄裡來自江西贛州的盧盛禎人稱「老盧」，以紮實手藝營生麵攤，他說那是記憶中童年吃過最美的味道，遂懇請老盧收其為徒。個性靦腆內心卻充滿豪情壯志的他，雙手努力沾粉揉麵，希望有朝一日自己也能「白手起家」。

　　鄭老闆回憶道，老盧是帶著家鄉手藝於一九四九年一起抵台，製麵工序沒變，但口味根據台灣人的喜好略做了調整，南部習慣稱這類型的麵食為「外省麵」。老盧大愛，彼時只要是想餬口飯吃的內門子弟，他都願意無私教導，如今徒孫遍及高雄和台南。店名取作「江西傳藝」，也隱約能看出鄭老闆長情的性格，至今老盧後代仍在內門安穩賣麵，他過節時總不忘回鄉和師娘問聲好，是感激也是遙念。回首勇闖江湖的最初，學成後民國七十九年他選在仁武開業時沒錢，小攤弄個 A 字板，手寫「外省麵」三個字就上陣了，由於當地藍領勞動者多，滋味迷人又能吃飽的麵食讓口碑快速發酵，只是如今再看江西傳藝，早已不可同日而語。

　　純以麵粉、鹽巴和水組合成的老盧手工麵，最大特色是麵體偏薄、滑口、軟中帶 Q、還帶淡雅麵香，但隨著生麵需求量越來越大，身體不堪負荷下，鄭老闆後期遂開始研發機械製麵工法。機械操作得宜麵體的勁道和緊實度其實都不俗，只是力道如果過強筋性反而會被斬斷，摸索轉換時期終究不敵老

呷麵

鄭老闆說因為麵條無任何人工添加，20秒內如果麵沒辦法送到客人手上，Q度下滑，他寧可倒掉。

客人的靈敏味覺，更動製程後店內生意有幾個月一直掉，走過陣痛期，如今定調的半機械式工法輔以獨門活麵技術，讓吃手工麵的感覺都回來了，用餐時段來客數總是爆棚。

　　招牌外省風味豬肉乾麵，白淨麵條下滾水後，藉由熱力翻騰迴旋，碗底醬水調勻預備，長筷一旁蓄勢待發，麵一撈起，滑入碗中，手勢就像反射動作速速在煙氣間來回輕盈拌攪，為了不破壞麵體，大抵是由外將整陀麵朝同方拌轉讓醬汁得以附著，麻醬香濃，豬油和私房醬汁提味，點綴上豬肉片和蔥花，滑順且不膩口的滋味真是百吃不厭。關鍵醬汁是先拿溫體豬後腿肉和醬油一同下鍋煮製，再結合香料調配出帶肉香的醬水精華，他另斥資添購蒸氣迴旋鍋爐來水煉豬油，取代傳統高溫油煉，讓豬油金黃通透毫無油耗味。另外自行研發口味介於清燉和紅燒之間的牛肉麵也頗受歡迎，同時能吃到腱子肉和條子肉，可搭著炒小丁香、皮蛋豆腐、涼拌牛肚和鴨掌等開胃涼菜，或著切點滷菜做拼盤，滷汁以部分老滷加新滷組合，入味關鍵是浸泡時間要足，不炒糖色。一碗漂泊的麵食在落地後能受到如此呵護，不僅有味，也有心了。

＊附註：到訪內門者可就近親嚐「老盧外省麵」的好滋味，內門區中正路162號，紫竹寺牌樓斜對角。

028

西安麵食館

紅燒牛／雞肉皮帶麵・蓋澆麵・孜然炒麵・
肉骨抓飯・西域風情熱炒・特色涼菜

　　從城峰路拐個彎往蓮池潭方向，神神祕祕的「西安麵食館」就躲在海光公有停車場裡側，由西安姑娘張翠平和先生張建國共同創設。先生是道地左營眷村子弟，兒時即常在鄰里間串，在各省媽媽們家常麵食的照拂下打開舌尖，開店後，再融合進翠平姐的家鄉滋味與工作時曾待過的邊疆，因此店內料理呈現的是難以定義，從台灣跨界融合了陝西、新疆、四川等地的風情飲食。中國西安是千年古都，歷史上有十三個王朝皆由此開展，光是留下的經典麵食就有千百種，好比窩窩麵、剪刀麵、水晶麵等，而店內招牌的皮帶麵，靈感即取自陝西著名的「ㄅㄧㄤ ㄅㄧㄤ麵」。

　　「ㄅㄧㄤ ㄅㄧㄤ」的可愛叫法，據傳是因為當時八國聯軍，慈禧太后逃難到西安，當地農民請她吃了這麵，因為拉甩麵體時會碰撞到桌面發出磅磅聲響而得名，通常一碗麵裡會有兩條，每條 1.5 公尺長，壓成皮帶寬是尋常，因此被喚作「皮帶麵」，加上煮的時候不能拉斷因此也叫長壽麵。加上陝西盛產小麥，粗寬麵條宴客霸氣，因此所謂的陝西八大怪，「麵條像褲帶」位列怪奇之首，店裡則再以皮帶麵發展出各類特色麵食。

　　翠平姐分享，紅燒牛肉麵做法是源自陝西本就有的牛肉麵傳統吃法來進行轉化，家鄉肉販理肉手法細緻，她試著復刻過來台灣，肉塊以紅梔子、香奈、排草等 36 種中藥材和用青皮蠶豆釀製的郫縣豆瓣醬下去炒燉，肉塊單吃香氣

是一層一層地進去，就算冷了也夠味。用番茄、洋蔥和雞蛋做成炒料再澆淋到麵上的「蓋澆麵」在西安很普遍，紅燒雞肉麵的吃法則是從新疆「大盤雞」衍生而來，當地炒出一大盤雞肉後會先將湯汁收乾由多人共享，來台灣後，她改成一人一碗，加進馬鈴薯和青椒。酸辣麵的靈感來自陝西有名的宴客湯「酸辣肚絲湯」，但味道更加酸鮮帶勁，孜然炒麵以及改良自新疆羊肉手抓飯的肉骨抓飯則帶有濃厚西域風情，將當地慣用的羊排改用豬排取代，燒入味後再與紅蘿蔔丁和米飯一同蒸炊，風味獨具。

六道口味濃重的下飯熱炒也鎮店多年，翠平姐說大抵從沒有空場過，青椒肥腸好吃關鍵，在於沿用了婆婆重慶老家的獨門醬料來爆炒，醬料裡紅通通的辣椒被剁碎後浸油再加進了一樣神祕食材，使得上桌肥腸香而不辣；孜然炒肉則是由陝西著名的在地菜餚「炒烤肉」變形而來，用特殊手法把肉炒到有烤肉香後，加進豆芽再用孜然和辣椒粉提味。獲好評還有韭黃牛肉絲和回鍋肉，後者同樣結合了郫縣豆瓣醬來炒出一鍋香爽肥腴。冷藏櫃中千變萬化的涼菜，則主打清爽解膩，以台灣當令食材巧變，醬汁亮點是靈活運用了混合中藥一同烘烤輾粉自製的辣油、芥末去籽榨出的芥末油，和使用了陝西產的大紅袍和梅花椒煉製的花椒油來調度風味，其中幾道，

如用陝西五香粉和自製辣油做的泡菜，以及剉成粉條，加入辣油、芝麻醬、芥末油，撒上韭菜的開胃仙草涼粉，都是可遇不可求。

上桌後要拉起又寬又長的麵條送入口，簡直就像是得到獎賞前的趣味闖關挑戰。

呷麵

(029)

老北京

炸醬麵 · 祕製排骨麵 · 紅燒辣豬大肉麵 · 眷村獅子頭麵

館子樣貌低調也藏不住的精彩麵料，循線而來的，都是虎鼻師（hóo-phīnn-sai）

途經南高雄復興三路上的老字號「老北京炸醬麵」時，很容易就會因為館子低調的外貌不慎略過，實則裡頭麵料香氣縈繞。雖以北京為名，但藏著的風情麵食，品項卻是跟隨中國大江南北散布，更有趣的是，如果再細究老闆身世，楊家人的背景父系安徽母系南京，也都與北京沒有關聯。楊老闆回憶道，自己就住在離店不遠的「正勤君毅社區」裡，彼時國共內戰，來自南京金陵和漢口漢陽兩個兵工廠的萬民軍眷跟隨國民黨政府來到台灣，之後合併為「聯勤二〇五兵工廠」（現國防部軍備局生產製造中心第二〇五廠），駐紮在前鎮，安頓下來的眷村群舊址都在如今已改建的社區周邊。

兒時住的君毅里，左鄰右舍生活裡熱絡交流是尋常，特別夏季，沒冷氣，熱啊，誰家飯桌一搬出家門口，各家隨即相互支援菜餚，要上桌的就自己卡位，巷子一排八戶，吃飯永遠不無聊，有說有笑起吃來更香啊，是真正的遠親不如近鄰。在那個時代裡，想來鄰也等於親了。原本不吃辣的他，從小被來自四川和湖南的長輩拎著鍛鍊舌尖，飲食文化長年劇烈交融，現在楊老闆會開個炸醬麵館也不算奇怪。只是家人們多待在聯勤任軍職，彼時獨獨他違抗父命，因為感覺自己對吃似乎天生敏感，至今連兒時外婆幫他帶過的便當，從菜色、味道到場景都仍歷歷在目，在對岸從事過

找個人來，一桌，兩大碗麵，中間擠幾盤小菜，生活裡有體面有舒爽，很溫暖。

餐飲管理十餘年，同時求教於主廚，也去上課，菜常常回來自己試個幾次就上手，成果如今都攤在菜單上。

　　招牌的老北京炸醬麵曾向當地主廚求藝，正統的北京風味炸醬不放豆乾，且多只放黃豆醬，因此味道更加鹹重，楊老闆取用甜麵醬和陳年黑豆瓣醬，雙醬先調和後連同肉丁和切到細碎無形的豆乾醬同炒，再轉小火呈微滾狀態去耗時慢炸，過程得攪且不勾芡，耐心等待醬肉的風味慢慢轉化融合，靜置一夜後的炸醬成品非常入味。祕製排骨麵的靈感則來自無錫排骨，醬排骨的吃法早年在當地曾分出南北派流，但這裡就是獨門楊派，選用的部位是溫體現宰豬蹄膀脛骨旁的棒骨肉，一頭豬只有兩大塊，滷好後，上桌前才沾裹醬色晶亮的私房醬汁，裡頭還透著紹興酒香和烏醋香，啃食棒骨爽快無比，吃完會讓人忍不住想吮指。紅燒辣豬大肉麵靈感連結自老上海辣肉麵，使用腱子肉，肉塊變大，不滑炒改紅燒，依然嫩實。眷村獅子頭麵的出現則是源自母親家鄉南京，對淮揚菜系裡的獅子頭自然熟稔，他將老媽媽的食譜搬出家門，稍微調整了肥瘦比，愛上的客人可是連過年都要殺過來搶買。不管什麼麵料，可選陽春麵或拉麵搭配，總之下肚後都讓人傾心不已。

　　自製各色小菜也十足精彩，麻辣臭豆腐、發酵豇豆丁、烤麩、雪裡紅炒百頁……這裡誘使你開胃的招數奇多，且搶戲功力都一流。小館子桌上，熱鬧非凡，因為主角配角，可是誰也不讓誰。

呷麵

瀧澤軒

博多豚骨系拉麵・雞白湯拉麵・日式叉燒飯

老闆從拿筆變拿刀，

湯頭和麵條皆屬上乘，一坐下就讓人秒回日本

瀧澤軒是高雄拉麵界的後起之秀，但很快地就變成了文化中心一帶的街區人氣小館，主打博多豚骨系拉麵。老闆郭議中、老闆娘李美瑩都是彌陀人，原本待在金融界的郭老闆，邁入不惑之初陷入了中年轉換的茫然疑惑，彼時他因為熱愛日本拉麵，經由友人轉介巧遇一日本製麵師傅傾囊相授，站在人生的岔路口，沒想到是香氣指引了方向。日籍師傅對細節特別嚴格，好在以前的專業同樣要求精準，加上獅子座好強性格，因此從熬湯開始，他把自己整個瘋狂埋進廚房中。店名「瀧澤軒」靈感源自日本岩手縣中部的城市瀧澤，加上夫妻倆

都屬龍，如今不必再對長官奉承了，只管對好食材獻忠。

日本拉麵百家百派，郭老闆精研的博多豚骨系是大宗，除了更動少許食材和醬料外，日本師傅的技法他完全按步就班。豚骨系吃法最怕就是那股過重的肉腥氣，因此取得豬頭和豬腿骨後，生骨得先泡冷水數小時，不時翻動將雜質流掉，再汆燙6到7個鐘頭，全程大火，務求只留下肉裡的腴鮮。接著再費十來個小時去熬出湯底，絕不用大骨粉或濃縮大骨液搶快，也完全不加蔬果，就是只要帶骨髓濃郁甜味的乳白湯頭，4種豚

看不見的祕辛：郭老闆笑說從前不碰廚房，現在則是三不五時熬高湯整顆豬頭骨下去時就得坐在那和豬眼睛對望。

骨口味，每天供應 120 碗是極限。雞白湯則用老母雞熬，一樣細細汆燙後，再熬 7 到 8 個鐘頭，有別於日本師傅，他額外添入了金華火腿和干貝，因此湯頭滋味是甜美中帶著鹹鮮。

　　豚骨口味有博多、蒜香、赤燄和蔥花泡菜，分基本和特盛，白芝麻、蔥花、自製滷筍干、黑木耳是基本，主要是差在豚叉燒、溏心蛋、海苔的量。塩味和醬油雞白湯拉麵的特徵則是乳化後的湯色白濁，對比豚骨風味較為溫和，醇鮮爽揚，僅從調味去衍生不同變化，但太費工了因此只能週末限量供應。極細和全麥粗麵是豚骨風味專用，讓整碗香氣更濃郁，中捲麵則是雞白湯吃法專用。麵條軟硬和湯頭鹹淡皆可調整，麵條的爽溜度仰賴經驗，吃細麵講究最後那幽微的齒切感，而基於台灣人會喝湯的習慣，湯頭已調整到適口鹹度，有些男客吃完麵後還會多點一碗白飯做湯泡飯吃。

　　拿梅花肉製作叉燒，梅花肉是位在豬上肩胛的位置，很適合慢燉、燻烤或紅燒，帶筋的地方融出膠質後結合油花會創造出鮮明肉味，以老滷汁分二階段慢燉入味，老滷裡含有 4 支台日醬油，並以台灣米酒取代清酒，也點綴了些提味用的中藥材。溏心蛋則選用紅仁雞蛋，氣室先搓個小洞，一確認好溏心稠度，熱鍋撈起立刻下水冰鎮，剝殼後需浸泡特調滷汁 2 天。不好麵食者，有炙熱叉燒和嫩雞叉燒飯可選，米飯用了關山皇帝米，叉燒切成肉丁鋪在米飯上，用噴槍火燄炙燒後再加進豬油和特製滷肉汁，滋味同樣曼妙。

良麵館

雞絲 / 堅果 / 手作優格風味涼麵・三味蛋

家鄉在旗津的老闆蔡奇原，年近 50 歲時，人生才突然轉了個大彎，在國民市場商圈和太太曾子容開起了這家不那麼傳統的「良麵館」。他喜歡吃，到處跑，從前工作主控餐飲營運，但現在真要自己跳到前端時，害怕焦慮都變得具象，特別做吃，食安和美味同等重要，因此店名以「良」字出發，是諧音梗，更是在提醒自己要勿忘初衷。以純白色和木質調交錯出的裝潢空間，配搭風格傢俱，簡直就像是偽裝成某個北歐小咖啡館的涼麵店。從構思到設計全都不假他人之手，廚房採開放式設計，偌大的木製工作檯上，他們忍住沒用物品塞滿，涼食

出場最讓人在意的就是保鮮方式，前方堅果罐排列得乾淨工整，後方則是堅持當日製作、設定只有 4 小時賞味期限的大盤麵條，上面蓋著防塵的白紗巾。菜料與醬水也都井然有序，一切安排得乾淨俐落，連光線走法都要求，客人入門，視覺先清爽了，食慾會跟著打開，空間調性歐風但不硬不冷，在溽熱南國坐下食用，反而像是在胃裡搧進了大把撫平鬱火的絲絲涼風。

涼麵除了傳統風味外，這裡還衍生出雞絲、堅果、手作優格和韓式泡菜口味，各個搶戲。光是試醬汁和麵條，前

涼麵也是良麵，一語雙關，也一食入魂

當喧嘩退去，門拉下會看到整面都是手繪塗鴉，講究細節者，連鐵門都要讓它有靈魂。

置期就花了蔡老闆一年半時間，他難忘人在四川時曾吃過的某種細緻卻掛得住醬汁的麵體，因此回台後用土法煉鋼的方式將市面上想得到的麵條全掃回來研究，最後透過一有緣相遇的老師傅協助，終於試出了相近的版本，麵條不是澄黃色澤鹼麵，每日鮮製，不留隔夜，透過風吹冷卻降溫，過程還得不斷翻拌，這樣麵體才能增加延展性也變得更為爽口。特製麵條除了拌進醇厚芝麻醬外，還會澆淋私房醬汁，醬汁中含釀造醋，那是讓涼麵不膩口的原因。

手剝雞絲雖費時，但細細順著紋理撕開反而更能留住肉汁，南部很多地方吃涼麵仍習慣加花生碎，這裡用的花生由在地一甲子老店炒製，核桃、杏仁、腰果則自行烘焙手捻，手作優格口味的靈感來自嘉義人吃涼麵時喜歡添入被稱作「白醋」的特調美乃滋，以及蔡老闆曾踏上的萬里征途。那時在新疆他試了某種酸奶，回到台灣思念，改以清爽酸甜的手作優格來兌麻醬，兩者在麵條裡碰撞後，不僅毫無衝突感，反倒前者的酸順勢就解了後者的膩，反而讓巴附上「麻奶醬」的麵條變得出挑。如果吃辣，那甕用了 4 款乾辣椒、花椒、中藥材，加上連皮老薑磨泥煉出溫而不燥的辣油，也是老闆當年騎機車飆馳中國遍訪產地而得，請務必嘗試。小菜裡那款外面少見的三味蛋，不同於切仔擔的三色蛋，是用了茶葉蛋、皮蛋、鹹鴨蛋來組合，滋味特別，再來碗加了「麥麩」的味噌湯會是很好的收尾。忙完夫妻倆會在店裡沖咖啡作甜點，平常店裡以播放 Jazz 和 Bossa Nova 為主，收班累了他們就改放節奏性強的 House，很喜歡他們將生活感從容灌注到工作場域裡的那種自在。

呷麵

032

友家

鍋燒意麵系列・蔥油雞絲乾麵

　　高雄在鍋燒意麵這塊競爭激烈的程度，絲毫不遜於隔壁的台南和屏東，「友家鍋燒」可謂箇中翹楚。老闆陳泰叡，人稱「泰哥」，開店前曾四方走闖，兜轉了一圈結婚生子後萌生安定下來的念頭，於是回到高雄創業開店，會從鍋燒意麵切入奠基於過往做吃的背景。選在復橫一路上的老派透天厝點燈開業，裝潢走隨興台日風情混搭，他用舊鐵窗吊掛菜板很酷，泰哥說，取名友家也是「有家」之意，街坊們隨時想放鬆進來吃碗麵時，這裡的門都敞開著。

　　說到吃法起源於台南的鍋燒意麵，

許多人自然連結的是日本鍋燒きうどん（鍋燒烏龍麵），但在加入油炸意麵後，滋味也順勢台了起來。吃鍋燒意麵，湯頭是靈魂，成敗都看它，友家初始只設定了單款湯頭，不走柴魚昆布這條路線，而是以老母雞架骨、高麗菜心、紅蘿蔔、洋蔥和玉米去細熬想要的甜度，無添加任何人工粉料，只加了些許祕密中藥材讓湯頭入喉後更加回甘。油炸意麵也需貨比三四五家，最後泰哥選了來自三和市場內老麵鋪的版本，麵體質樸但有著厚實麵香，湯水裡滾煮後依然能口感勁道也是考量因素。海鮮是吃鍋燒食的要角，這裡配料除了拿白蝦和蛤蜊提鮮，

泰哥在漢子外表下，從空間到餐食都隱藏著他想傳遞的細緻柔情。

揚棄火鍋料改以手工蔥肉丸和培根幫襯也讓人眼睛一亮，蔬菜、水煮半熟蛋接續下，起鍋前僅以鹽巴調味，刻板印象裡吃鍋燒必加的沙茶這裡會視客人需求彈性提供，這是以原味勾人的自信，不愛意麵者這也有其他麵體能取代。

　　湯頭慢慢擴充，在韓式泡菜、麻辣、牛奶、四季鮮蔬等口味入列後鍋燒陣容也越發華麗，做麻辣口味算是拾回老本行，品嘗時頗有傳統鍋燒意麵混食麻辣火鍋的錯覺，香濃牛奶湯頭則是在雞骨蔬菜高湯中加進足量紐西蘭紅牛全脂奶粉來創造，加上起司後碗裡頓時洋溢起小小歐美風情。這裡的蔥油雞絲乾麵也推薦，手撕仿仔雞胸肉，蔥油以自榨豬油下去油炸紅蔥頭而得，再疊上菜料和半熟蛋，完美。這裡堪稱是麵食愛好者的小樂園。

呷麵

033

江西麻醬館

麻醬麵

不僅洋溢古早風情，
麵店裡返璞歸真的滋味，也像人生的溫柔提醒

離開轟鬧的臨海二路拐進鼓元街，街上躲著一間打理得條理有序的低調小店「江西麻醬館」，由於環境實在太家常，路過時常會忽略，日落時分當燈箱打亮，紅色的「麻醬館」三字卻又太醒目，不小心還以為是麻將館，店裡以家常麵食和哈瑪星眾古老小吃攤頭們爭著光。老闆黃崇榮年輕時原在前鎮加工區安分上班，三十而立之際內外突然都遭逢變化，彼時有緣向一老師傅求教學製麵煮麵，每日清晨 4 點報到，刻苦鑽研，學成之時正逢世紀交替，他獨自來到哈瑪星嘗試點燈落地。

現在製麵已有機器輔佐，但細節仍得倚賴人的經驗去補強，每天早上 9 點他準時進到後面小房間開始暖機，高筋麵粉取出後先以手揉成麵團，初次壓整出來的麵皮不搶時間直接使用，而是需要再將生麵皮反覆堆砌出厚度，台語稱作「疊」（thàh），來回四次，麵皮不扎鹼水求取 Q 彈，就靠不斷耐心地重新整壓讓麵體密度變小直到出現理想的厚薄度。相較外頭，因為自製麵條偏薄，因此連帶下鍋時間也錙銖必較，點單進來後，黃老闆細細掀開白布巾，裡頭是一球一球略為寬扁的生麵，滾水下去，翻騰不到一分鐘隨即得快手起鍋，口感爽滑勁道。

店裡隱藏人物是在攤頭顧前顧後的親姐姐，因爲疼惜弟弟，捨不得看他獨自辛苦，所以自己跳下來幫忙。

　　麵食分成乾吃和湯吃，但許多人來這獨獨鍾情於麵條以麻醬乾拌。黃老闆分享，麻醬固定使用來自台南安定六塊寮地區老字號的芝麻醬，係由老師傅慢慢低溫烘培芝麻粒研磨而成，完全不摻粉，因此味道濃郁，他在取得後會略爲稀釋以降低芝麻燥度，再騰入豬油讓香氣堆疊。快速把醬拌進麵條疊上備好的菜肉後即上桌，整碗看起來「清清白白」，入口時麻醬味道不走濃重路線，但香氣幽微飄盪，醬汁比例恰如其分，吃完味蕾不黏不膩，餛飩麵或陽春麵，則會澆一點肉臊進去。愛吃辣的話，他們的自製辣油是先把辣椒磨碎後連同黑芝麻用油兌進辣粉炒香，加一瓢到麵裡，非常來勁！再簡單配個熱湯，切點滷菜，單獨來這，人是人，麵是麵，湯是湯，菜是菜，能偶爾拿掉人際間過度的水乳交融，專注爲自己清爽安靜吃頓飯的人生都是奢侈的。

呷麵

034

地嶽殿前無店名麵攤
/ 綠川麵館（原鐵皮屋麵）

三代古早味陽春麵・蒸蛋湯・米血湯

一家三代，就近相互撐持，
用愛開枝散葉台式真情滋味，

　　位在柴山腳下的鼓山玉旨地嶽殿，主祀東嶽仁聖大帝，殿堂建於日治昭和時期。早年鼎盛的香火不僅暖熱了街區也安穩了遠道而來的香客，所屬的「吉勝堂」八家將團夙負盛名，廟前的河川市場也精彩，如今雖不若當年熱鬧，但堅持下來的那些老攤頭們每個都是精彩故事，賣著古早味吃食的謝家就是其一。四十多年前，人稱「阿土伯」的老頭家帶著太太從故鄉嘉義番路的半嶺南下找尋落地生根的機會，一路兜轉，最後落腳河川早市裡開起麵攤。攤頭上那味緣於雲嘉地區家庭常見的古早味台式蒸蛋湯，上了檯面後迅速成為鎮店明星，店裡還有麵、飯、羹、燉湯和切料，早年生意暢旺，生的三個孩子從小都得幫忙，尤其長女阿如特別慧巧。

　　16歲就出社會的阿如姐，先在楠梓加工區待了十五年，後來決定聽從母親建議，輾轉和先生回頭將家裡整套手藝學起來也開起麵館，最後落腳在鄰近父母麵攤的綠川街上安壽宮對面的鐵皮屋裡時，已養出了一批自家的死忠顧客。手法雖系出同源，但人不同，味道也微妙的展現出差異，兩家店，經營時間拆開，一個在市場內，一個在鐵道邊，家人能相互撐持都是因為無盡的愛。麵館一直以來都由阿如姐來發落，這幾年由於鐵皮屋無法再租用，加上兒子千璋確定回來一起做事，因此最後在鐵道旁邊的鼓山二路找了個店面，並正式取名為「綠川麵館」，有了金孫加入，阿土伯和阿土母胼手胝足從市場裡打拚出的一方家業，只望能飄香到更遠的地方。

　　兩邊招牌都是蒸蛋湯，也都能淋肉燥乾吃，因為做工繁複，每天的蒸蛋

　　　　　　　　　　　　　　　　　　　　　　　　　　　　　呷麵

晨起菜市場那攤沒趕上，就
三五相邀改約綠川相見，可
順道揤（giàh，拿）啤酒來。

湯限量 20 到 30 碗不等。蛋和水比例抓各半，拌匀後再把自家炒製肉燥滾過
後的滷汁和豬油拌進蛋液中，豬油得自己榨才能確保噴香不澀，蒸炊好，蛋
體扣入碗中後，淋上溫潤大骨熱湯，喝上一碗，暖胃暖心。陽春麵也是兩邊
招牌，阿土伯那邊用的麵體是一般粗度，但綠川這邊在八、九年前意外找到
中正市場裡一老麵鋪特製的手工細麵，發現細麵呈現出的口感更爽 Q 後遂做
了更換，陽春麵被豬油、油蔥酥和肉燥拌攪後十足誘人，拌麻醬也好吃，而
為了服務社區內居民的吃飯需求，阿土伯那有雞肉飯，綠川麵館則在千鎚打
磨手藝後推出了系列蛋炒飯和蔥爆系肉飯，中午常吸引附近公司集體包便當，
夏天熱，炒點辣到飯裡更過癮。

　　各色滷味也全不假他人之手，綠川這裡的新鮮內臟每天都從不同市場多
點取得，回來後再以中藥房滷包從早上 6 點開始浸滷，滷得是又透又入味，
越早來品項越齊全。除了蒸蛋湯，以薑絲提味的米血湯也被老饕鎖定，用新
鮮鴨血製作，整塊粒粒分明的米血糕當天拿回店裡時都還是溫熱的，上桌前
會持續浸在豬骨高湯中入味……只能說不管是到地獄殿前或來綠川麵館用餐，
一家三代，用愛開枝散葉，味道裡盡顯的都是台式真情。

＊附註：《雄合味》姐妹作《雄好呷》十週年暢銷典藏版（2022 年），封面人物即是阿
土伯和阿土嫂，感謝他們的「跨刀演出」，讓書增光許多。

鶴笙

手工日式蕎麥麵．限量蕎麥烏龍麵．
中華冷麵．細烏龍涼麵

有如北高雄靜謐街區裡「日光版」的深夜食堂，外觀不那麼惹眼，麵卻勾人心魂

呷麵

　　在新民早市旁透天厝低調經營的「鶴笙麵屋」，十多年來以限量手工製作供應的麵食讓小屋始終透著金光。低調的老闆來自高雄茄萣，客人總喜歡直接稱呼他一聲「大哥」，兒時即確認了自己喜好麵食的體質，出社會後大哥不只吃也四處鑽研，退下業務員身分後，他專程遠赴日本深造，習得製麵技藝帶回後，如今日日外場忙碌煮麵之餘，剩餘時間就窩在後方小廚房裡安靜地製麵。在這兒吃到的現做麵條夠鮮，鮮指的是麵裡沒有奇怪的雜味，咬感紮實明確，滑入喉頭很順，來勁。大哥做事嚴謹，從製作、烹煮、甚至是麵條涼吃前的冰鎮都有既定的節奏，要好就不能搶快，現點現煮，候餐時間相對拉長，不催，請務必訓練自己耐心等待，怕趕，可以先打電話預訂。

　　店內以製作「日式蕎麥麵條」為主，分成涼麵、乾吃、湯吃三種吃法，手工拉麵會和麻醬、炸醬、榨菜肉絲、餛飩、清燉牛肉等配搭後靈巧變身，烏龍、蕎麥烏龍、中華冷麵、細烏龍涼麵則都是限定版。大哥說，不同麵體全都得仰賴適度手揉，麵體內因為孔隙不同，最後的彈韌度和勁道感等也都會跟著連動，揉捻麵團過程，力道該如何拿捏是門學問，手勁來回擠壓時會在麵團內部形成「造山運動」，造就手工麵條的口感外軟內 Q，且因為不加鹼水和人工添加因此煮麵時間較長也是尋常，但不見得每個人都能理解。鶴笙也提供用蕎麥製作的烏龍麵，蕎麥烏龍既保留了較粗的烏龍麵的咬感，卻

又同時增添了蕎麥的香氣，市面少見還有一個原因是太不好揉，所以這裡平均每天也僅能供應十來碗。

日式蕎麥麵條的麵團係以進口蕎麥籽按比例和進麵粉製作而成，蕎麥生麵條帶有蜂蜜味和幽微類似於蘭花和牧草的清香，很雅，煮製後的麵體仍帶有這些餘味，因此沾麵涼吃最受歡迎，選擇乾吃會另外拌上私房醬汁，湯吃追求的反而變成是結合細熬的湯頭後那滿嘴的馥郁。沾麵涼吃時建議入口前先聞聞麵香，第一口單試麵條，藉由咀嚼立體化原始氣味，接著把麵條放入小杯中蘸著以柴魚、昆布、香菇、日本醬油慢火熬出的醬汁同食，去感受風味如何堆疊，第三口才是點上芥末，輔以碎蔥和海苔絲等佐料完整搭配食用，爽溜鹹甘與辛衝辣氣會先後由喉頭往下竄，擠壓出悶在體內的南國溼氣，感受透心的爽涼！

以細烏龍的麵體當作架構延伸出的除了細烏龍涼麵，還有中華冷麵，疊上了菜肉，乍看就像是素日裡習慣遇見的熱食麵，得先調適好心境，跨出舒適圈後，更好吞咬且更加爽溜滑彈的細烏龍冷麵會帶你看到另外一個世界。不愛麵者，這有咖哩飯，私房小菜也優，九層塔豆干和手工黑輪片是人氣必點，小菜板則會公告當令可挑選的少見蔬菜，在這入口的都是大哥和太太想堅持的初心，

在好食材悉數吞落肚後，也會感覺自己被用心對待。

來這吃碗日本普及的庶民麵食，狐狸和狸貓會不會也改變心意在高雄短暫出沒呢？

呷麵

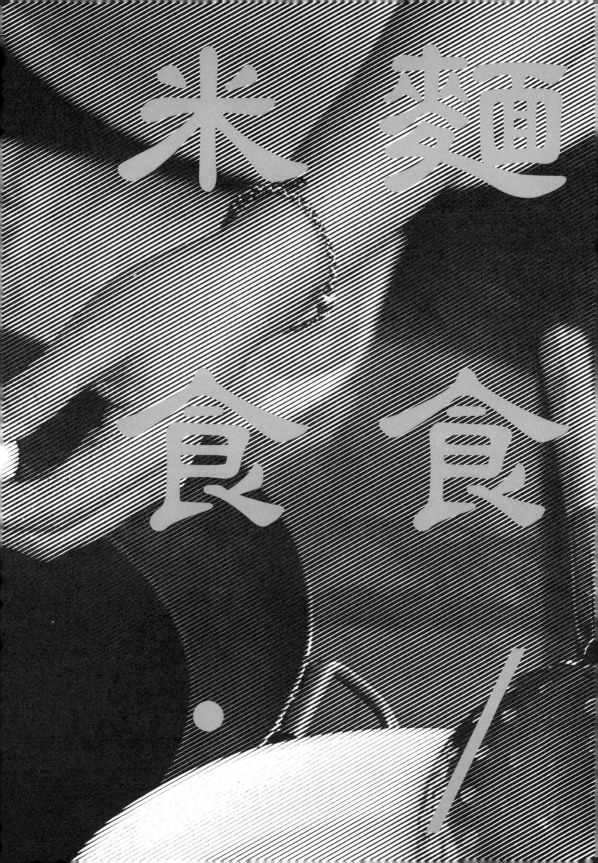

前 鎮 區

一合居

蘇北䰾子餅 · 牛／豬肉捲餅 · 啥鍋

　　隱身在前鎮區民裕街上的「一合居」，民國八十七年點燈，老闆劉又陵的父親來自江蘇，母親則是滿族八大姓之一的富察氏，當年身為傘兵的父親因為到東北出任務和母親巧遇定情，幾經流轉，一九四九年抵台，最終在高雄黃埔五村安定下來。而根基於父母原鄉背景，江蘇的䰾子餅和啥鍋以及東北的餃子麵食總是劉家餐桌上最搶戲的風景。

　　從音樂產業退下後，劉老闆毅然返鄉捲起袖子做吃，兒時那些再熟悉不過都打算拿來變成吃飯工具。和太太分頭進行，向家族裡的高手們求教，尤其是

母親，將私房手藝傾囊相授，店名取作「一合居」，係來自熱愛史書的劉老闆從三國典故中讀到關於曹操與楊修「一合酥」的故事，故事裡的一合急智變成了「一人一口」，因此取名一合居，同時也內嵌著「惠悠悠之眾口」的自我期許。蘇北䰾子餅皮叫「單餅」，為了增加Q度麵團裡攙進燙麵，得用手先搓揉成長條狀後再切成一個個的「劑子」，每塊重量抓在約69克，接續手擀，幫麵團按摩，最後才上鐵板乾烙。單餅都是利用午休時間預先烙好備用，看著劉老闆捲起襯衫袖口不畏店內喧嘩在角落安靜擀麵的神態，頗有中年男子的瀟灑況味。

如果趁熱單買饊子回家，撒上糖霜和肉桂粉後，會出現在吃中式吉拿棒的奇幻趣味。

　　饊子也叫「寒具」，工序繁瑣，麵團全靠自然發酵，乍看像油條但不是，在中國某些省分會拿米粉或糯米粉來取代，過程得用兩隻長筷來回拉扯將麵團抻開，《本草綱目》裡形容得生動：「牽索紐捻成環釧之形。」麵團被細細拉長後在空中垂墜，最後交纏成如麻花狀弧線，彷彿是炙熱油鍋前還帶著的幾絲懸念，只待下鍋熱油脆炸。老闆娘小廚房坐鎮，整鍋百來條用 40 分鐘陸續搞定，堅持手作讓口感更有咬勁，蔬菜饊子餅裡會加上花生糖粉和美乃滋，再夾進西洋生菜和苜蓿芽，豬或牛肉饊子餅則會塗上一層自熬帶中藥香的甜麵醬，再加上蒜苗、香菜和滷到入味的肉片。當麵餅一口咬下，豐盛菜料外饊子就像個清脆的小東西嘴裡搶戲，如果不愛，那就直接點捲餅，現擀後油煎到金黃酥脆，另一種風情滋味。

　　東北味的水餃靈感則沿襲自母親早年在家總會以芹菜、小白菜、胡瓜加進豬肉打餡包出厚實手擀皮的水餃，如今店內改以高麗菜和韭菜延續兒時情懷。配碗源自中國徐州的暖熱「啥鍋」是必須，啥鍋既不是湯品也不是火鍋，先不看命名源由，其實它被叫作「雞絲雜糧粥」更適切。現殺老母雞先熬成雞湯，接著加入蒸過的珍珠麥、麥片、香菇絲和手剝雞絲，再一起下鍋熬數小時，珍珠麥又稱「洋薏」，不是薏仁，而是磨皮後的大麥，極適合拿來用米煲粥的概念烹煮，過程中需不停攪拌底部才不會焦掉，熬出稠度即可，食用時口感仍舊粒粒分明，搭配用道口燒雞滷包滷製的小菜剛好。長久以來，小店腳步踩得踏實，看夫妻倆檯前場後同體一心撐持，安居，樂業，無非就是「一合」的完美實踐。

（037）

許 記

招牌蒸餃・蔬菜濃湯・麵團排骨・皇家奶茶

高雄火車站在蛻換新貌的過程讓周邊沉寂的商圈又開始熱了起來，但隱身在林森路上的老店「許記蒸餃」，沒有醒目招牌，夾在知名便當店和機車行中間毫不起眼，多年來卻能無畏環境潮起潮落，在街區安身立命傳香數十載。由老頭家許正言在一九八六年一手創設的許記，是他自年少從新營離家南下闖蕩最後也最溫暖的歸依，最早他是先進入在當時被許多老高雄們形容是「高檔街頭海產」的老李工作，除了磨鍊技藝，眼看著川流不息的食客無分海內外，為了精進語言能力，下班後晚上他還飆往成大進修英文，也是在那時期遇見了太

太顏白文。後來輾轉得到進白金漢大飯店當酒保的機會，轉了個彎進去後不斷找機會向廚房師傅們求教，從水餃開始，加上日後的自我鑽研，北方麵食製作手藝遂日趨嫻熟。

拼命三郎如他，之後開始在下班後嘗試擺小攤兼職做消夜場，賣蒸餃是因為相較水餃在塑型和風味方面都更好拿捏，初始僅搭配自製豆漿，後來蛋餅餡餅也曾出現過，位置就在離現址不遠建國路上的西藥房前面。這些年品項和店址都經過數次調動，因為希望客人可以吃得健康，最後把油煎類全拿掉後主打產品方才定調。全

人說「年少輕狂」，但許老闆是狂了一輩子，成了那個蒸餃裡永遠的少年郎。

心投入自家小店後許老闆更是火力全開，兒子嘉仁回憶道，以前爸爸為了減少往返家裡的時間消耗，都是直接在店裡打地鋪，所以深夜裡許記的燈永遠是亮的，且鐵門永遠半拉下，錢包直接當枕頭。在自己的人生和經典的蒸餃之間，許老闆雙 Turbo 全開。店裡空間不大，但工作區域因為劃分得當，忙起來時動線流暢。招牌蒸餃個頭碩大飽實，皮 Q 彈的關鍵是將中高等不同筋性的麵粉加上調粉，按比例調和後去揉出想要的麵團。

早期須以手搣（nuá，搓揉），現在則有機器代勞，內餡掐入的是溫體豬後腿肉、高麗菜碎和白韭黃，餃子一籠籠出去得快，因此造就了店內從刮餡、捏塑、收整如行雲流水般的風景。當日現包現蒸，一咬，餡裡擠壓出的鮮腴肉湯從舌尖開始滋潤，單吃就迷人，皮是放涼後更好吃，這裡不給薑絲，附的是整顆拿來直接啃咬的生蒜頭，過癮吶！

配碗店裡香甜可口的蔬菜濃湯是必須。用豬大骨熬出湯頭後，加入高麗菜、紅蘿蔔、洋蔥和麻竹筍絲，打上蛋花，以不易水解的馬鈴薯澱粉來勾薄芡，口感呈現較一般酸辣濃湯輕盈許多，也可以和店內一盅盅不裹粉也不事先油炸的滷豬小排，或是拿比麵疙瘩耐嚼度更高、店內自製的麵團來組合成麵團排骨、排骨濃湯、麵糰濃湯等吃法，也有用義式製麵機現擀現切出的寬麵條製作的大滷麵或排骨麵可選，麵條和蒸餃用的麵團用粉比例接近，只差在水的比例不同，但煮過後都依然耐嚼不走糊。

038

阿 城

純手工粄條（面帕粄）‧紅燒豬腳‧客家家常炒菜

美濃小鎮上的「阿城粄條」，回溯點燈緣起，得從民國六十一年由頭家嬤在福安國小前開店起算。當時夫妻倆先買了地，先生每天騎車出門叫賣豬肉，太太就開起小店賣吃，在那個年代，觀光旅行尚不時興，因此紮紮實實來光顧的都是在地人，他們多在附近務農，季節輪轉，從插秧到割稻，常常田裡忙完正餐時間已過，來消費的時段落在午後，忙完體力活後，「來找點心吃」。

彼時店內僅簡單販售自製粄條和拿手的家常小菜滷豬頭皮，凡事親力親為的頭家嬤，憑藉客家人硬頸拚搏的精神，

步伐持續向前，越走越穩，口碑也漸漸從鎮上四溢出去。民國七十五年，她的女兒、也是現任老闆娘古素美開始回來幫忙，生意量又再往上一翻，後來經由頭家嬤協助，素美姐決定出來自立門戶，一路輾轉從中潭、美濃市區、旗山，最後再回到福安地區，並以先生名字取店名為「阿城」。時空流轉，如今阿城已是鎮上少數仍堅持自製純米粄條的店家，素美姐承襲的不僅是家傳手藝，還有初衷和意志，從早餐賣到午餐時段，清晨3點就要爬起床製作。

至今製粄仍完全沿襲母親傳承工序，

潔白無瑕，輕薄剔透，這嬌
貴樣需要靈巧手勁的對應，
真是又可愛又難搞。

在來米先泡水，視米的硬度不同，平均抓 3 個小時，泡軟後，以人力搓洗，磨
成米漿後倒入適量地瓜粉拌攪，再憑經驗目測用熱水沖出漿液的最佳濃稠度，
接著倒入淺盤中鋪勻，厚度抓在 0.4 到 0.5 公分之間，蒸炊約莫 3 到 4 分鐘後，
將盤皿直立迅速用風扇吹涼，粄皮取出時宛若飄揚風中的通透白巾，像極客家
面帕（mien pa，四縣音，洗臉用毛巾），因此在六堆地區客家人習慣稱粄條為
「面帕粄」。輕柔地拿起，對折，交疊，最後再以機器切出如白瀑般的粄條備用，
只見素美姐不僅穿梭於前檯後場，還要坐鎮機檯前切粄，一人多工彷彿有神力
加持，現蒸現做的面帕粄，滑溜軟嫩彈口，香氣馥郁飽足，趁新鮮得搶時間銷掉，
不然粄條嬌貴順著米性很快就會變硬，客人嘴被養精了，偶爾當天家裡有狀況，
工序稍微調整，出來的口感產生些微落差，他們一吃就發現。粄條分成乾吃、
湯吃和熱炒三種吃法，乾吃最能感受原味，湯吃有餘韻，熱炒著重奔放後的融
合，調味上用自製油蔥提點是必須，碗裡襯點白肉和水燙菜料就無比迷人，口
味重些，還可點些烏醋和他們自製的朝天辣椒醬。

　　滷豬頭皮、豬舌、豬鼻和滷豬腳是這裡始終不變的明星配菜，豬毛拔得
特別乾淨，滷汁僅是簡單的蒜頭、米酒、醬油，不加中藥，豬雜卻都滷得通
透入味，滷豬腳肥嫩，油脂凝結後的皮肉還帶著鮮明彈 Q 度非常厲害。剩餘
滷水就拿來滷冬瓜封和高麗菜封，炒野蓮和福菜也是必吃，粉腸是另一道必
點小菜，有別於一些客家家庭會抹鹽香煎，這裡豬粉腸進來後自行處理好後，
會純粹水煮到要的彈脆度，蘸上蒜頭醬油就無敵。

　　　　　　　　　　　　　　　　　　　　　　麵食／米食・推演

039

鹽埕區

鹽埕 永和

小籠包

　　隱身在小提咖啡斜對面巷子口可愛的小攤「永和小籠包」，店名源於老闆的名字蘇永和，與新北市永和毫無關聯，點燈已超過四十年。永和伯和太太都是道地高雄人。年輕時因緣際會臨摹了老師傅的做法後再自行鑽研開店，攤頭蒸煙裊裊，蘇老闆勤勉樸實，總是和家人們安靜地工作著，只待湯包一好，趕緊忍著燙，遞送上桌。台灣的小籠包工藝聞名全球，島嶼南北，大家之作眾人爭嚐，永和提供的包子版本雖稱不上大鳴大放，然而就是那股在現場旋包旋蒸的巧心，路過時看著他們紮實專注的做事

神情都會難以忽視，一籠籠湯包，也在落肚後起了巨大的撫慰效用。

　　曾在北京聽過朋友這樣打趣形容著小籠包子，說它用筷子夾起，拎著，已化開盈滿底部的肉汁，在那晃啊蕩的，像極了夜半打更的搖曳燈籠，又說輕輕放到盤裡，皺褶處落地綻放後好似盛開的菊花。但永和更像在地人的玫瑰，疫情前，這裡也是港澳星馬日韓等國旅人，會專程按圖索驥前來的朝聖之地，甚至被多個日本祕密美食社團列為到訪高雄的必嚐 B 級美食，還被畫成了漫畫。已傳承三代，如今兒孫輩的加入讓小攤如

約莫 6 分鐘出一批，剛好偷來 6 分鐘的人生定格，強迫自己從忙亂生活中暫時斷電。

虎添翼，遮陽棚下幾張小桌小椅都是到訪者短暫的避風港，多國語言在吃喝笑語聲中交疊的場景讓人沉醉。

　　三四個人就擠在街邊的小工作檯，年紀都有了，步履移動有時顯得蹣跚，動作時快時慢，但整體包的速度仍舊流暢，時不時還能聽到他們彼此生動的拌嘴或閒扯，彷彿時光都一起收進包子裡，看不清楚的折數最後反而不是重點了。臉皮薄的小籠包就是要那現出爐消縱即逝的口感，旋蒸旋吃，不破皮，不露餡，不走湯，上桌的小籠包一口咬下，輕薄透光的外皮不糊爛，擠捂的飽實肉餡在嘴裡滲出爽揚有味的肉湯，此時只消頂住舌尖成為渠道，讓滲湧出的熱燙汁水順勢而下，肉湯要流對地方，流進嘴裡是舒心滋潤，流到桌上，錯過的可是流水年華。也可蘸點白醋，搭配少許薑絲，與酸菜豬血湯或酸辣湯同食，把鎮日的煩悶一同掃除。

　　不同名店可能會根據不同季節，在小籠包裡加入蟹粉、蝦仁、春筍、絲瓜或角瓜等食材以取時鮮，包松露是浮誇，化融黑巧克力到包子裡甜吃根本已是另一種食物了，雖都讓人喜歡，但最後會讓人想念的，總還是像永和這樣的玲瓏小店，坐落街角一隅，讓吃的人毫無壓力。放空看著他們忙碌將蒸籠疊得老高，已拜訪過的，心裡頭會始終惦記那畫面，直到再回來複習滋味和人情，還沒嘗試過的，躍躍欲試者，請找個時間盡速拜訪。整籠 9 顆，順著圓和滿吃，一顆一顆下肚，也是一點一滴的祝福。

麵食／米食・推演

吉品

經典原味 / 筍乾 / 九層塔 脆皮肉圓

　　傳承至第二代的吉品肉圓，隱身在北高雄新民傳統市場裡，由黃家人執掌的攤頭已在這風風火火了數十載春秋。黃家來自旗山，老頭家原本從事肥料買賣，早年輾轉進城闖蕩，全家移居異地，跟著搬遷的還有那肩頭上沉甸甸的養家重擔，他後來跟著一做吃的朋友學習如何製作低溫油泡的肉圓，彼時有別於高屏地區時興的清蒸式吃法，加上妻子相伴，他們很快就闖出了自己的路。初初是在早市的通道上想辦法騰地設攤，那時賣肉圓也煎鹹粿，處理肉圓用的是自榨豬油，豬油耐高溫，半蒸半煎肉圓香氣在和沸騰人聲攪和後更加濃郁了，經過不吃上一碗會愧對自己，因

為不用回鍋油，暢旺生意平均一個禮拜就要榨上 200 斤。

　　如今接棒的第二代黃老闆，年輕時在北部跑業務，因父親中風倒下遂毅然返家，自兒時就習慣跟進跟出幫忙的他，因為熟稔流程因此大幅縮減了接手後的陣痛期。早年未起店名，後來用了帶雙關的「吉品」二字，從攤頭變成店面，原本成品製作全仰賴後方小廚房，直到量大難以支撐，方才就近找了鄰近的整棟透天厝並增加人手，組織出更流暢的「前門通後院」純手工生產線。老頭家當年肉圓會預先做起來放，但現在吃到

吉品二字除了表示自家肉圓品質優秀外，字裡有許多張口，也帶有招財的隱喻。

的都是當日凌晨鮮做，9 點前那批趕早餐檔，料前一天就得備下，9 點後吃到的，都是鮮做直送，等廚房那頭忙完，黃老闆旋即趕來店裡繼續主控煎檯，老闆娘則負責裡裡外外招呼張羅。

　　肉圓皮用的生粉係以純地瓜粉加入少許樹薯粉而得，下冷水調粉漿時得用手去測，測軟硬度，每批的粉質都會因季節變換有不同含水度，因此得動態調整比例，待粉漿搞定，再分批用 100 度熱水沖攪 5 分鐘變成抹漿。肉餡部分用的是溫體現宰完全不帶肥的豬後腿肉，進來後要先用沙茶和當年老頭家試出來的獨門中藥配方醃漬一晚，包之前，蝦皮先和油蔥酥爆香，再將醃好的生肉塊下去同炒。配料如今分為三種，經典脆皮原味會加進爽口豆薯，另外開發出加入無藥水味的筍乾口味，則讓肉餡多了分迷人酸香，九層塔口味最特別，會先以麻油炒香再拌入另外用黑胡椒細炒出甜味的洋蔥，最後再與肉餡合體，非常對味。後兩者都採限量製作。

　　生圓疊滿四層蒸籠，炊畢的肉圓得吹風扇降溫到半熱狀態才能送往店鋪亮相，此時的肉圓由於粉皮和內餡都還殘留水分，外皮晶瑩剔透，菜料就像鑲嵌在裡頭的礦石，後半段煎的工夫很重要，做成飛碟狀就是為了能零死角全面照顧到細節，煎得好，肉圓外皮會變得金黃酥脆，也因為將油泡量大幅降低，因此這裡的肉圓不會有油炸肉圓的膩口感，吃完渾身清爽。調醬則以自煮醬油膏、香菜、蒜泥、辣椒醬，和用朝天椒加沙茶炒製的麻辣醬來搭配。

看天吃飯守望母土，

KTV董事長親身下田農耕養出的好食眞味

041

鼓山區

看天田

糙米輕乳酪蛋糕．黑豆桂圓布朗尼．手作糙米黏餅．KTV隱藏版熱炒

　　烘焙坊隱身在北高雄神采飛揚 KTV 三樓的「看天田友善農食」，是董事長郭明賢繼娛樂事業後，近年來全身心投入的另一項志業。初衷是不捨台灣好米生產過剩後被當作飼料，以及想讓寶貝孫女吃到無人工添加的米甜點，60 歲那年親身開始務農，辦公室和農地兩地輪換的生活旋即展開，郭董在嘉義東石鄉鰲鼓溼地的四股社區向台糖承租了 22 公頃土地，一晃眼就是十年過去。

　　從產地作物種植到食物哩程末端烘焙全都不假他人之手，取名「看天田」，固有看天吃飯之意，然而更深層的意涵，是要去崇敬天地的四季運轉，人勤勉耕耘，但一切順其自然。田裡目前固定正職男女就超過六位，都是青農，郭董期望透過有計劃的培育，讓他們像種子般，將理念擴散出去。田裡主要農作物有糙米、黑豆、紅蘿蔔、馬鈴薯、紅蔥頭（珠蔥）、地瓜、洋蔥、南瓜等，除了直接供貨給主婦聯盟等通路外，也多用於自家烘焙產品與自家 KTV 被人激推的熱炒菜單上。郭董的目標是希望未來田裡所有農作物都能被物盡其用，格外品也能拿來加工食用，惜福，不留剩食。農地裡不用外籍移工，要人，就從地方找，促使偏鄉資源能流動，讓在地年長者也有機會參與，提升自我價值感，產生善的循環。

　　烘焙坊產品全都以「無麩質」概念來發想建構，招牌「糙米輕乳酪蛋糕」和「黑豆桂圓布朗尼」用了田裡的糙米和黑豆磨粉來變化，做多少磨多少，為此他還蓋了間磨粉室。選用十甲農場非籠飼的動福蛋，洗清去膜烘烤完後，

本業之外,郭董對藝文產業也特別關注與支持,讓品牌散發著如詩的人文情調。

　　磨粉過篩的雞蛋殼加上濃縮檸檬汁可用以取代泡打粉,讓自然產生的氣泡撐出蛋糕體內膨脹所需的孔隙,這靈感他改良自社會企業家「好食機」創辦人謝昇佑配方。另外郭董也調整了烘焙流程,以120到130度做低溫烘焙,讓碳水化合物不因溫度過高而釋放出致癌物,糙米輕乳酪蛋糕製作用的食材把關嚴謹,滾出的高稠度亞麻仁液是主要介質,會與乳酪、奶油、牛奶、糖隔水加熱混融,糙米粉和蛋黃也下去多次混攪後,再用食物調理機打成更細的粉漿,最後加入打發蛋白,讓蛋糕質地綿柔細緻,口感香醇濃郁,凍過再吃會像冰脆的雪糕,充滿奢侈童趣。

　　潤口的黑豆桂圓布朗尼也優秀,自家黑豆磨粉後依序加進完整核桃、桂圓和其他食材,不用調理機,純用手拌,接著下70%巧克力、黑豆粉,全蛋打發,成品口感完全不乾,甜潤、香濃,東西方風情的桂圓和巧克力組合在裡頭讓滋味非常合拍。同樣無麩質的手作糙米酥餅源於做蛋糕會留下大量蛋白,為了不浪費遂轉做餅乾,分花生、芝麻、檸檬、三星蔥,反應奇佳,風靡親子市場。另外為了神采飛揚那些隱藏版的美味熱炒菜來訂包廂唱K者很多,除了食材當令奇巧(赤嘴仔別錯過),還有曾待過五星級飯店的大廚坐鎮,菜餚完全不用甘味劑,主要以昆布和香菇,以及郭董帶著主廚以不同有機醬油試調出的私房醬汁來調度,風味鮮爽,啤酒,請來一手。

婁記

各色古早味饅頭・私房辣蘿蔔丁風味醬

麵食／米食・推演

　　拐進隱身窄巷內、被切成七段的大溝頂第二段，在鹽埕第一公有市場邊緣，由婁家人經營的小舖已點燈長達七十年。靠走道的「豫豐婁麵」，由第三代的婁仁豪、婁景雲與母親攜手經營，清早就開始忙活，桌上陸續出現一袋袋擱著的，都是當日新鮮擀製早早被人下訂的手工麵條，攤頭前那些還整批垂掛著的，像日光下的飛揚細髮，也似柔美麵瀑，則等待有緣人以此作為標的循線而來。約莫 10 點多，小舖後半段的工作區域，由叔叔婁和生和嬸嬸聶宜淑經營的「婁記饅頭」也開始有了動靜，換他們得準備好各色飽滿玲瓏的古早味饅頭等著第一批老客人們上門。夫妻倆人稱「婁伯」和「婁媽」，開朗熱情，婁伯承襲了父親的好手藝，這裡自一九五三年開始營生，至今一家人，兩家店，仍彼此相愛共生。

　　婁伯回憶道，兒時他是在西子灣那的眷村打滾長大的，父親一九四九年隨國民黨政府軍抵台，退下來軍職後，想著何不做點小生意養家。日治時期以前的台灣，以米食為主，麵粉有但珍稀，製粉業務多是碾米廠極少量兼著提供，戰後一九五〇年韓戰爆發，美援物資包含麵粉開始大量輸入台灣，加上之後政府主導小麥進口，中國北方麵食文化遂在島嶼溢散開展，算算和婁家點燈的時間點恰好重疊。彼時大溝頂尚未加蓋，但到此想奮力爭取一席之地的移民者眾，原鄉背景涵蓋中國各省與台灣各地，婁記和周邊所在

的木造平房群，在地人俗稱「半樓仔」（puànn-lâu-á，夾層閣樓），大家就在一樓做生意，夾層是儲藏室也有人直接在這生活，婁伯說，最初父親心底盤算著，反正饅頭麵條如果賣不好，至少還能讓家人和同袍都吃飽，然而開店後，口碑傳得飛快，不僅鄰里和舊識捧場，高雄港的船員跑船前，來這也都是幾十顆上百顆的帶。

婁伯至今都仍按部就班照父親交代的工序做事，饅頭原胚除了麵粉、水和新鮮酵母菌外，沒有任何化學添加，口味分成原味、微甜、黑糖和胚芽四種。開店前第一批麵團會先和好，隨即進行第一次發酵，發酵時間隨著四季不同的溼度和溫度來調整，夏天約莫 1.5 小時，冬天 2 小時，全賴經驗判斷，發酵好的麵團表面略微粗糙不平，送進擀麵機裡經過來回數十次的拉整，直到麵體變得柔滑細緻後速速捲成細長條狀再分切成適口尺寸，接著整齊排列到木板上，蓋棉布，進行二次發酵，「睡一覺後它們就會乖乖長大。」婁伯笑語裡盡顯柔情。

蒸籠裡現出爐的，顧不得燙，現場剝開，鼻息裡氤氳的熱氣盡是天然麵香，沒有膨鬆劑和乳化劑，外觀飽滿，口感紮實，原味版本會越嚼越甜，黑糖帶著炒香，胚芽的底蘊最深，和坊間膨鬆帶空氣感的饅頭相比，滋味天差地別。想

再豪華點，撕開饅頭，騰一瓢牆上沒寫，婁媽限量販售的私房辣蘿蔔丁風味醬，甜鹹辣嘴裡交疊，過癮吶！婁媽曾是芭蕾舞者，辣醬滋味就像她的人，優雅而靈動。

＊附註：就在出版前夕，得知婁伯已離開了我們，但他的瀟灑人生和精湛手藝留下的故事，將永遠陪伴著鹽埕和整個高雄。

婁「伯」要念ㄅㄟ，本業外還是辦過個展的紙雕高手，真真印證了「高手在民間」這句老話。

（043）

合春圓仔

純手工鹹湯圓・麵茶圓仔冰／湯・金仔角・凝圓

　　已點燈超過七十年的「合春圓仔」係由老頭家劉合春創設。時間倒推回民國 40 年，家鄉在彰化北斗一帶的合春阿公，戰後輾轉南下，落腳在太太故鄉南高雄林園。從福興老街上的土地公廟旁擺小攤起步，夫妻倆齊力拚搏，由於手捏湯圓和炒糖功夫了得，因此很快養出一批熟客。初始只賣圓仔湯、米糕粥和人工刨製的剉冰，夫妻倆身影長年在舊街附近流轉，生的二男二女，最後是兒子劉弘達和女兒劉乙燕繼承衣缽，如今店務已交棒給第三代劉昶佑來撐持。乙燕姐回憶道，早年沒有瓦斯，柴燒湯圓得輪班顧火盯著，如今方便了，但每日浸米磨米等該走的流程仍舊得按部就班。

　　店內招牌小湯圓，南部人習慣直接用台語稱呼「圓仔」（înn-á），合春選用兩年以上長糯米，需事先浸泡至少 3 小時，從糖水到甜餡他們也都親力親為。揉好的糯米條現場再手剝成小圓塊直接入熱甜湯煮熟，當微微上色的 Q 彈圓仔噗噗噗地浮上湯面時，代表甜味已被吃進去，整鍋看著圓圓滿滿。圓仔湯除了傳統吃法，加進麵茶、老薑薑汁或鮮奶後也讓整碗滋味變得更時髦活潑，冬季糖水裡還會加進桂圓提味，自炒的獨門麵茶香氣濃厚馥郁，不管是撒在湯裡或

聽昶佑分享，會取名金仔角也含有「收到金仔角，人
生穩觸觸（ún-tak-tak，穩當）」的祝福寓意。那其
他的圓圓們，就等你吃下肚後滿滿了，嘴滿心滿。

到冰中都加分，自選餡料也有亮點，抹茶凍和杏仁凍屬夏天限定，芋圓和地
瓜圓則會從十一月開始一路現身到隔年元宵。

純手工鹹湯圓則是冬季限定，由乙燕姐
坐鎮手包，肉餡用的是絞一次的溫體豬後腿
肉，調味完快手捏成元寶型後會先冷凍備用，
乍看像極客家菜包，豬骨熬的湯頭裡放了自
炒油蔥和芹菜珠，但不放冬菜和蝦皮。用麵
茶取代奶粉製作的牛軋糖分麵茶和鳳梨兩款
口味，外型貌似小金塊，因而取名為「金仔
角」，風味獨特。凝圓概念來自台式涼圓，
可聯想成類似於夾餡的小顆冰淇淋麻糬，是
帶夏日風情的配茶點心。

麵食／米食・推演

鳳山（正）台北米粉湯

粗米粉湯・蚵仔麵線・黑白切料・油豆腐

只為有緣人

有點神出鬼沒但滋味美妙無比的粗米粉湯，

　　高雄鳳山的中山路夜市，小吃臥虎藏龍，攤頭在餘暉下前後現身，絲毫無畏車水馬龍，位在核心位置的「鳳山（正）台北米粉湯」是隱藏版老字號。攤頭其實有表定出攤與公休時間，只是遇到天候不佳或其他變因會臨時休攤，撲個幾次空後，有人開始覺得神出鬼沒，然而這裡的醇厚湯頭、切料質地、清理內臟的高明技巧等，才是讓人吃得出神的理由。一點燈，第一輪很快就小桌滿小椅塞，所有熱切眼神全都往工作檯上那三大鍋鎮攤熱料死盯，粗米粉、麵線、油豆腐。交纏麵線旁是整鍋待命的鮮蚵，粗米粉在乳白略帶油脂黃的湯頭裡被文

火細細煨著，油豆腐也早早下鍋浸淫，只見老闆娘從容地掌控大局，其他人也各就各位後，夜戲的華麗序幕開始緩緩揭開。

　　粗米粉老高雄人更習慣稱作「大篍米粉」（tuā-khoo，意指「粗」），相較於米篩目帶咬勁也滑溜些的彈口質地，粗米粉起吃來較為鬆綿軟糯，入口易化，高屏地區可見到米篩目加綠豆蒜做成剉冰甜吃，亦或是進入六堆客庄如內埔，在加進膨風豆（黃豌豆）、肉臊和豬血後搖身變成鹹吃版本，至於粗米粉南部則多會拿小卷或虱目魚等海鮮結合出澎

如果撲空可向周圍攤頭老闆打探看看是否休息或延後出攤，他們都會相互照應著現場。

湃滋味，像這裡以整碗清米粉搭油豆腐上桌者實不多見，這「素雅」感反倒和南部人鍾愛、帶油蔥酥香的細米粉湯比較接近。吸飽湯汁的油豆腐蘸點店家自調醬水，配著米粉湯吃非常對味。

　　攤頭前，新鮮處理好的豬雜一字排開也是亮點，這裡米粉湯的湯頭能如此濃郁有味，也和處理得當的豬雜最後精華都留在湯底裡出了厚度有關，這很考驗店家處理內臟的功力，弄得乾淨湯頭才會爽揚。黑白切料自取後再自行拿取號碼夾夾到盤上，擺到空桌上排隊料理，輪到時會叫號，粉腸、肝連、腮邊肉、豬舌、生腸、脆管、豬皮、豬牙齦（天梯）……別看品項琳瑯滿目，滿目的時間極短，太晚來，小心只能和空盤對看，切料除了處理得極乾淨不帶任何雜味外，每個部位各自該保有的彈嫩度也都拿捏得恰如其分，季節限定的魷魚嘴是超級隱藏版切料，如果遇到，請務必嚐鮮。

045

精功社區 李家

手工雲南米干・燻肉・桂花雞・火燒涼拌

　　回望歷史，一九六〇年國民黨和共產黨在滇緬邊境激戰，之後這批身處異域的反共孤軍與其家眷，部分留在了寮國和泰北，其餘四千多人則是撤退到台灣，分別被安置在桃園、南投，高雄、屏東等地，後來少部分軍民移居後山，主要落腳花蓮光復。當時有六百多人南下來到高屏交界荖濃溪畔，在什麼都沒有的石灘地上嘗試生根，在這塊將高雄市和屏東縣接鄰的區域劃分出的滇緬四村裡，村民原生背景遍及中、泰、緬、寮，以及漢族之外，包含瑤、傣、苗、佤、布朗、拉祜、景頗、傈僳、哈尼等雲南九個少數民族，其中被歸到高雄市美濃

區的精忠新村和成功新村，現在合稱為「精功社區」，是品嘗原汁原味滇緬料理的風水寶地。

　　位在成功新村裡的「雲南李家米干」，老闆李時勛回憶道，自母親那代即開店賣吃，後來曾轉型為雜貨店，自民國八〇年代他退伍後接手，主打手工米干與雲南特色家常料理直到現在。米干和需要經過發酵會略帶酸氣的雲南酸漿米線不同，也有別於腸粉或河粉，與鄰近美濃客庄到處可見的粄條最常被搞混，兩者差異在於米干的米香氣更濃烈，口感較軟，相較現在許多店家的粄條質

始終一人作業，放假時就騎
重機追風抒壓，個性又快意
的人生。

地都再偏彈韌些，因此嬌柔的米干特別不適合翻炒，因為只要稍微過度施力
就有解體的風險。

　　李家用在來米舊米製作，每批的表現都不同，米裡頭的含水量是影響口
感的關鍵。在來米浸泡好，會先取一小碗生米煮成帶有黏度的熟漿，煮好表
層是晶亮的，如同老麵的概念，接著再將熟漿倒回磨好的生漿中，調整好濃
稠度後，鋪平蒸炊上 1.5 小時。好的米干蒸完表面會有少許孔洞，因為 Q 度
和彈性都好，米片晾乾後一手就能輕鬆從竹竿取下而不黏手，最後再切成細
條。高湯熬好，這裡招牌米干分成乾吃和湯吃，乾吃上面會有燻肉、雞蛋以
及酸鮮開味的的番茄紹子，用自煉豬油提香，最後再擠點檸檬汁，湯吃則有
在吃日本拉麵的錯覺。對比以前老人家做臘肉，生肉得先醃漬 3 天再日曬 3 天，
但如果遇到下雨中斷，不曬會臭，會改用柴燒煙燻風乾，時勛哥的做法是先
將肉塊綑綁後，花 1 小時以炭烤熟成，再用砂糖煙燻定色。而吃法源於滇緬
地區的椒麻雞，不同少數民族做出的版本皆不盡相同，他向社區裡有拉祜族
背景的朋友求教，椒麻雞先以辣椒、花椒、草果等醃料醃漬一夜後，不裹粉
油炸，改成爐烤直到外皮酥脆，再澆淋醬汁。另一款桂花雞則調整了醃料內
容，加入桂花釀，口感較為柔美。下酒的雲南風情的辣香腸和豆腐香腸也推
薦，吃的時候用蒸的，香氣四溢，蒸完也可稍微再過炸，又是另一番滋味。
火燒涼拌則是以豬頭皮水煮後直接煙燻，最後再炙一下表層增加焦香氣做出
的涼拌菜。

　　　　　　　　　　　　　　　　　　　　麵食／米食‧推演

046

苓雅區

TST

特色麵包・點心・手工餅乾

紫芋蘇格蘭
<Purple yam Scone>
日本麵粉拌西蘭奶油、
堅包地瓜丝且含97號地瓜。
NT:50

無花果磅蛋糕
<Ficus Pound Cake>
日本蛋糕粉、海藻糖、
核桃白果醇製無花果。
NT:50

　　開在文化中心後方巷子裡的「TST 麵包烘焙坊」，一直都是這個區域裡極其美好的存在，這一帶本來就是高雄發展成熟的文教區，巷弄裡每走幾步就有可能撞見個性小店或特色餐館，老派社區裡開逸的人文雅味、異國情調和日常市井風景盤根交錯著。踏進 TST 店內，木造質地的裝潢風格、帶手感的擺飾和傢俱、手作的家常味歐包和餅乾，都讓人有誤闖某個歐洲鄉村小麵包工作坊的錯覺，咖啡香、麵包香、音樂香，從職人手藝延伸出的紮實生活氛圍瀰漫整體空間，只待疫情解封重新開放內用時，坐在這慵懶一下午，就是一種回家賴著的感覺。

　　TST 的核心成員有店長岳翰、麵包師傅阿哲和西點師傅小暄，店名發想自岳翰和阿哲都姓蔡，翻成英文 Tsai 的字首，加上小暄名字 Hsuan 裡頭的 S，組合成堅強的三人團隊，再延伸這概念成「Take Sweet Time」作為品牌核心，他們希望除了能讓客人們愉快地把麵包餅乾和甜美的休憩時光全部帶走之外，三個人因美好理想而相遇和凝聚的向心力，也要透過這個空間不斷地把彼此信仰的生活價值傳遞出去。實木風格的空間，是他們自己買老木頭回來加工裁切實驗出的成品，因此多了份情感在裏頭，岳翰說，早年如果他不在店內，大多就是

雄合味

推門進來，身心立刻就在香
氣中安穩下來，但有選擇困
難的人請自行斟酌，因爲站
在麵包展示架前只會感覺一
切難上加難。

在工作室裡做木工，開店以來，這樣義無反顧的浪漫情懷，也紮實反射在他
們對待食物的態度上，不管是麵包或餅乾，除了用料實在，口味不斷實驗推
陳出新，產品和空間視覺也充滿了精緻的居家美感，光線走法、音樂選配，
到陳列產品用的砧板和木抽屜也無一不講究。

　　TST 的產品以歐包和手工餅乾為主力，堅持自己培養酵母是不變的原則，
過程採自然發酵，不使用電子發酵箱，岳翰分享，因為旅行時看著歐美小家
庭，父母常會替孩子們自製麵包和餅乾，那種幽微卻暖心的交流非常觸動人
心，因此他們也想把客人當作家人般對待。又美又好吃的麵包，每天會按時
段分批出爐，法國長棍是招牌，鹹食如鹽萃、佛卡夏嘉年華和田園紅醬牛肉
等也各有擁護，甜食部分有焦糖肉桂捲、紫芋蘇格蘭、櫻桃巧克力、香椿黑
麥無花果、焦糖丹麥等簡直眼花撩亂，卻又讓人心花朵朵開。也喜歡他們不
斷挑戰自己，嘗試使用更多當令在地食材來創作的企圖心，如改良自台灣人
非常喜愛的肉鬆麵包創作出的「舞鬆」，麵包口感比日式做法來得更加紮實，
且肉鬆香醇，亮點是美乃滋以更清爽的蜂蜜寒天醬來取代，一吃難忘。

　　疫情前可內用各種招牌帕尼尼（Panini）三明治，目前因人力緊縮暫停供
應，何時能復出只能問天。不管是內用或外帶，在這美妙的麵包幻境裡醒來，
都將滿身沾染奇香。

047

小張

傳統海產粥・現場自選漁獲客製化海產粥

前金市場裡，由老張、張嫂、小張組合而成的海鮮與粥豪華三星陣列

　　躲在前金第一公有市場裡的「小張海產粥」，以傳統市場攤販為掩護，是真正的巷弄隱藏版美食，因為只有你踏進來，才得一探究竟，但介紹小張前，不能不先聊聊斜對面在雙子星髮廊前擺攤的老張和張嫂。張爸是台南白河人，張媽則是來自高雄路竹，三十多年前因緣際會頂下了海鮮攤後即攜手打拚至今，彼時每天清晨 3 點即出發到前鎮漁港搶挑青美漁獲，隨著貨源多了，海水建立起的人脈網絡，讓當日海釣的、近海現撈的，也都開始穩定出現在攤頭，鄰近的屏東東港，不同季節也都拿得到上好的黑鮪魚、白皮油旗魚、櫻花蝦等，幾乎每天攤頭出現的都不同。因為每種魚都有不同吃法，每天進貨策略，就是滿桌展示的魚鮮一定要能同時滿足客人煮湯、清蒸、煎烤、油炸等不同需求，但唯一相同點就是非常新鮮，長年下來，因應熟客需求，衍生品項越來越多，老張斯文安靜，張嫂開朗熱情，攤頭內外恰恰互補，生意暢旺不墜。

　　海產粥老闆張皓程，街坊稱他「小張」，讀國中時，寒暑假都另外要補習「海洋課」，即清晨就會被老張挖起床載去幫忙挑貨，因此他對海鮮的啟蒙不是冰箱，是直接被生猛地丟進漁市場，偌大的教室裡，吆喝的魚販們就是最好的老師，好在小張自己也有興趣，就不停問不停學，他早熟聰慧，深知等學通了，就是別人想搶也搶不走的寶藏。當完兵後回來先和爸媽一起做魚攤生意，他還記得剛學殺魚時，剖到肚破腸流懷疑自己，老客人雖也質疑但總寬容揮手給予他機會放膽練習，後來客人建議他，既然家裡都賣那麼好的食材了，那何不自立門戶乾脆來賣南部人熱愛的海產粥？

客製化這名詞早期是不流行的，就是將心比心，你替客人多想，客人自然也會幫著讓攤頭茁壯。

　　這個動心起念極為合理，因為高雄人極愛吃海產粥，這個「粥」不是生米慢熬成的糜，而是飯先煮好後，下鍋連同海鮮湯稍微煨一下，亦或是米飯先盛底，再把海鮮湯直接熱澆下去變成的飯湯，兩者風味略異，小張屬於後者。高湯以大骨、洋蔥和多種水果燉熬 3 小時，直到熬出白濁湯色，海產粥裡基本會放 2 尾紅蝦、4 顆蛤蠣、小卷、鮮剁旗魚丸、香菇貢丸和肉絲，用餐高峰，整排 6 個小鍋同時開火快煮，小張左右開弓，騰料滾煮，場面壯觀，起鍋時灑進提香菜料隨即暖呼上桌，不想吃飯，也有意麵、米粉、雞絲麵、米苔目等可替換，後來又加進了讚岐烏龍，還能做成海鮮咖哩飯。

　　然而上述的是一般表列的正常版，但這裡最好玩的是接受各種隨興客製，熟客貪嘴者多不受拘束，喜歡拿著紅色小籃，直接去對面找老張和張嫂選自己愛吃的海鮮加料，什麼鰡魚骨、黑鮪魚、虱目魚肚、手工燕餃等，要多豪華都可以，也有客人鍾情於整碗舖滿鮮蚵大蝦快意吃喝，目前最高紀錄，是客製後整碗計價達 500 元，這豈是一「爽」字能形容！也可以挑好魚鮮後，支付小張幾十元工錢單煮成魚湯，這樣的彈性與便利只在南部的市場有，捧著碗公，燒熱湯水裡照映出的都是滿滿的暖心人情。

阿忠

小卷粗米粉湯・香炸魚背骨・炸虱目魚腸

海味

人稱「忠哥」的老闆趙善忠，家族是戰時因緣際會搭船來到台灣闖蕩爾後留下的福州人，彼時祖父輩兄弟共計四門房，每房都帶著一個兒子渡海，忠哥父親也被帶著，最後落腳在鹽埕。「福州三把刀」的意象鮮明，剪刀裁衣、菜刀烹食、剃刀理髮，全都有賴福州人的巧手，忠哥父親初始也的確是在大溝頂當裁縫師，但家中孩子一個個蹦出，開銷大，遂轉而向同鄉學習「福州大箍米粉」的私家手藝，剪刀變菜刀，沒想到生意也更加風火。趙家原本是在大菜市舊址外圍擺攤，約莫民國六十二年遷移到現址，初期整棟樓房分時段分區域，總計同時有五家店共用空間，台語稱作「相鬥飼」（sio-tàu-tshī），有彼此扶持、相互餵養度日的美意。最早攤頭只簡單賣虱目魚粗米粉湯，年底轉冷，米粉湯改搭鰮魚或烏魚登場，忠哥社會轉了一圈回頭接棒，如今菜單上琳瑯滿目的品項，則是人稱「姐ㄚ」的老闆娘林金枝從台北遠嫁下來後，逐步協助忠哥開發擴充而得。

這裡大箍米粉裡不放油豆腐、豬雜和肉皮，改放漁鮮，湯頭先用豬大排和虱目魚熬出肉甜味，米粉下去要耐住性子等待吸收湯鮮，如今鎮店的「小卷粗米粉湯」是無心插柳，起因於有老客人反應怕虱目魚刺多，能否改在清米粉裡加進原是切料的小卷，沒想到這吃法一炮而紅。這裡不同處在於小卷不會事先與粗米粉整鍋煨煮，而是客人點好才把接近整隻分量、彈脆又甜嫩

的卷肉給剪進去，小卷每日清晨從前鎮遠洋漁港直送，夠新鮮，仔細看，外觀還會發亮。拿回來後是一隻一隻的殺，肉質的 Q 度和脆度都仰賴經驗，卷肉先燙至八分熟後冰鎮，待盛碗時再稍微用熱高湯過一下即可上桌，調味僅加入韭菜花和用自焗豬油和珠蔥仔乾焗出的油蔥酥，滋味清雅迷人。

加點酥炸魚脊骨和炸虱目魚腸是必須，這樣才算「整組ㄟ」。炸魚脊骨又是另一個無心插柳，虱目魚背骨其他店家多丟下鍋熬湯，但骨頭上那層薄肉，現炸好無敵鹹香唰嘴，這撒上的是祕方粉，一天可銷出 50 斤，要再更酥也都可以客製化，魚肉雖薄但不老不柴，和小卷米粉湯味道一重一輕是絕配。炸虱目魚腸也完全沒有土腥氣，關鍵是魚腸和魚腱都必須剖開人工細細清除穢物；另一個訣竅就是要整付完好的心肝腸腱一同下油鍋，這樣魚腸才會飽滿脆甜又在嘴裡撐出些苦韻點綴，以炸代煎也聰明，這樣炸完魚腸不會黏鍋變得支離破碎，魚腸炸過卻完全不乾癟，酥嫩無比。在這裡油魚魚腰、旗魚和鮪魚魚心、小卷也都能炸，還有用祕方粉醃製的炸排骨以及炸餛飩也都各有擁戴，炸物控抵達前，記得自備一手冰啤酒。

用關廟麵做的陽春麵及乾拌蔥油麵線也好吃，不好炸物者，切仔料也優秀，

涼拌骨仔肉切盤、腹內和沙拉筍都推薦，忠哥用高湯熬出的私房醬汁兌進薑泥和白醋做成的「薑醋」也讓料理畫龍點睛。來這太盡興了，記得邀多點人來，一次點齊，開懷暢食，誰都不必節制！

如今第四代也加入，水槽裡、櫃座後、街巷間，忠哥店裡不只有香氣，如流水潺潺的日常也迷魅眾生。

（049）

哈瑪星黑旗魚丸大王

招牌綜合三丸湯・米糕・魯肉飯・肉臊飯・割包

用雙手捏出的海陸味丸子三兄弟，撐起一甲子的款款溫柔時光

哈瑪星頗具代表性的信仰中心「代天宮」，香火裡的歷史悠遠綿長，除了是在地人安撫心靈的綠洲，已被劃為市定歷史建物，廟內許多細節也都具備高度藝術性，匯聚許多台灣傳統工藝美學大師如潘麗水、蔡元亨、蘇水欽、葉經義、葉鬃、葉進祿等人的作品，涵蓋了彩繪、浮雕、書法、木雕、石雕、剪黏、泥塑等範疇。廟前ㄇ字型的廟口自古小吃雲集，由呂家點燈經營的「哈瑪星黑旗魚丸大王」即是最早出現在此的攤頭之一，從附近騎樓三角窗移過來後就生了根。最早宮廟兩側是木頭建築，左邊賣吃，右邊則有各色成衣販售給船員跑

船前能方便購買，爾後建物因故損毀，重建後廟埕前開始聚集攤家搖鼓賣吃賣用賣雜貨，據當地耆老回憶，也有殺蛇、雜藝和皮影戲表演可看，氣氛轟鬧。

呂家老頭家當年在嘉義新港是總鋪師，南下高雄闖蕩，沒辦桌時就兼賣割包、米糕、碗粿，也因為靠近港邊熱鬧的哈瑪星魚市場，有熟識朋友可直接提供鮮魚貨，於是發想何不來捏手工丸子給客人吃，也成為現今整家店的原型。從一碗5元開始賣起，代代傳接已超過一甲子時間，老闆呂榮吉回憶道，滋味美妙獨特的黑旗魚丸是父親當年靈光乍

從歷屆總統到火熱明星，店內牆上張貼滿滿榮光，和宮廟的璀璨光芒遙相輝映。

現之作，現在他依然承襲工序日日按部就班手捏，清晨就得前往鹽埕，埋進早市裡兜轉細挑，挑中的旗魚肉必須粉淡帶肉色，常被稱為「冬瓜肉」，肉質本身富油脂彈性又好，拿來打魚丸會有很好的脆度。呂老闆進一步分享，魚肉夠好根本完全不必碰到硼砂，魚肉在人工塊狀切分後要先絞碎兩次變身細緻魚末，打漿時加冰塊能讓魚肉綿密中更帶緊實口感，但魚肉如果不夠新鮮加冰塊反而爛得快，漿要打到什麼程度也端賴經驗，手捏能讓漿體內適度保留空隙，「才有空間彈」，魚丸起鍋後彈性好到有可以打乒乓球的錯覺，機器做的有時反而稍硬。這裡的旗魚丸稱為「清丸」，因為沒有人工添加，的確又清又純，入口的都是原始海味的甜鮮，日日捏多少賣多少，絕不放過隔夜，全盛時期曾一天驚人捏出上百斤丸子，卻也讓他留下了指關節常會卡住的職業傷害。只吃清丸不過癮，來這鐵定不能錯過的是另外加進蝦丸和肉丸的招牌綜合湯。

蝦子用的是俗稱「硬殼蝦」的角蝦，肉質脆甜，會先手揉成蝦丁再去攪，但不能到全碎程度，還會加進荸薺和青蔥提升口感，肉丸則是在豬後腿肉中加入少量白油丁製作，口感才會多汁不澀，還飄著淡淡炸扁魚香氣，大量煮製旗魚漿丸後的湯水同豬大骨熬煮，光是來喝這一碗湯，就值得跑一趟哈瑪星了。老高雄人都知道，吃完記得外帶幾袋丸子走，回家料理很好用，且不得不說，除了湯，這裡的米糕、魯肉飯、豬腳飯、肉燥飯、割包，連小小一塊油豆腐都好出色，廟裡裊裊輕煙被吞進夕照裡，飽脹肚皮連同街景都搖搖晃晃的，氣氛一片醉人，吃完隱約會覺得有什麼正在慢慢纏上身。

海味

一路陰錯陽差跨海通關，
被時代催生出的台日混血羹食

○ 050

橋頭阿婆

咖哩鮪魚羹・隱藏版肉臊飯

　　張家是在地橋仔頭人，從日治時期由人稱「阿婆」的頭家孃巧手催生出這款滋味獨特的羹食起算，如今已傳承四代，堂堂朝九十個年頭邁進。橋頭吃食會如此古老，肇因於此區開發時間甚早，清領時期這裡已是聯絡台南府城和鳳山縣城的重要官道，彼時接引中崎溪水開渠灌溉農作，圳道搭蓋木橋後，人流物流越發順暢，雍正時期應運而生形成的「小店仔街」聚落就位在昔稱「小店仔」的橋頭，張老闆打趣道，以前聽長輩分享附近的住民因為害怕木橋搖晃，都會約在「橋仔頭」小等（sio-tán，互等）再結伴進市區，橋頭叫習慣了因而沿用至今。

　　位處要衝也讓橋頭市場熱絡異常，當時市場入口有八個，被戲稱為是「八通關市場」，彼時頭家孃會先將大籤米粉湯在家做好再挑擔到市場叫賣。

　　日治時期，橋仔頭製糖所（橋頭糖廠前身）與糖業鐵路先後蓋好，日籍技師分批抵台長居，在所內授予台灣人核心製糖技術，阿婆賣的米粉湯很受他們歡迎，熟稔後，工程師們遂開始麻煩阿婆看是否能在湯裡幫他們加進咖哩和鮪魚塊以慰鄉愁，沒想到最後連台灣人都愛，版本來回調整，定調後長銷至今。張老闆始終都向市場內賣魚鮮的大伯拿

物換星移，日升月落，橋頭市場這因爲有故事鎮場，
得以如如不動。

取鮪魚，早年大伯都是騎單車直接殺去前鎮喊價選貨，手切的魚塊會混進少
許旗魚，仔細調味後，會再裹上薄層旗魚漿，下鍋煮製前還要先用手不停幫
魚塊按摩，這樣肉質才會帶Q，起鍋時間也得抓準。羹湯則是用煮魚留下的
高湯加入特製咖哩粉勾點薄芡而得，再以爆香過的辣椒和酸菜點綴滋味。吸
飽羹湯的大箍米粉咬感依然立體，輔以不碎不裂的魚肉，一咬，斷面還是粉
嫩肉色，與芡羹和米粉同食，舒心！也可燴成飯，好似在吃台版湯咖哩，過
癮！

　　第三代研發出的肉臊飯也很優秀，從沒刻意宣傳，卻誤打誤撞成了熟客
口中必點的隱藏版，當日現宰溫體豬的腹脇肉，肥瘦抓四六比，先人工細切
小丁，再以不對外透露的私房調味下去一同細細燉滷，不規則的肉丁和肉皮
脂肪在轉化後完美融合於醬汁中，澆淋熱米飯，當扒進嘴裡，那油潤芳香氣
盈滿了整個口腔，再搭配一些黑白切料和熱湯，幸福感油然而生。

　　　　　　　　　　　　　　　　　　　　　　　　海味

大 樹 區

051

吉林海產店

紅蟳蟹肉粥・清蒸花蚶公・
西瓜綿漬鯀鰡魚湯・各色海鮮料理

　　在不靠海的高雄大樹區，有間海產店逆勢闖出盛名，那就是民國七十八年點燈的「吉林海產店」。老闆廖混淇年少即跟隨父母從嘉義南下，雙親工廠討生，他則早早被叔叔帶在身邊在當時其經營的高雄海產料理名店「阿忠」學藝。肯學、耐操、悟性高，自國中開始，寒暑假全都窩在廚房見學，他安靜凝視所有環節再收攏進目光中，也進魚市場衝鋒陷陣，學習如何分辨海鮮品種。除了選貨挑貨，高深的世故人情也得鑽研。28 歲他返回大樹開店就近照顧雙親，店名取作吉林，乃是發想自叔叔的店原名「麒麟」的諧音，他不想忘本，也惜念舊情。

　　憑藉長年累積出的人脈，他店裡主打的現撈漁鮮，範圍從小琉球以北到永安以南，再外擴到澎湖群島，各種海魚、中卷、蘆蝦、螺貝、到野生花蟹和肥蟳，還有珍稀的活蚶（台語與奇字同音）都在守備範圍，不同區域他要的貨完全不同，氣候環境變遷逐年劇烈，穩定貨源至少斷三成以上，大樹鄰近屏東東港鎮，如今他日日清晨都得飆去追貨。

　　幾乎每桌必點的紅蟳蟹肉粥，會發展出來時間得回推到三十年前那個種蕉的黃金年代。彼時種植範圍從旗山一路連到大樹，蕉農們清晨下溪埔一路忙到約 9 點，氣溫升高太熱了才上來吃早飯，早期蟳仔不若現在這般昂貴，因此時興拿來燉粥飽腹，吃法延續至今。吉林用的是交配後的母蟳，品質極佳，肉質甜美又有飽滿蟹膏，鮮蟳先整隻分切下鍋，用自榨豬油和蔥仔酥爆炒逼出香氣，經過油的催化，讓肉甜釋放出來，接著慢熬數小時仔細瀝渣後成為

海味

是叔叔的疼愛，啟蒙了廖老闆精湛手藝，也讓他很早就擁有一副能擔事的厚實臂膀。

琥珀色澤的高湯，用台灣香米預煮到八分熟的米飯依序下去，直到所有滋味融合，上桌的粥米質地滑溜卻不軟爛，粥米會因為巴附當日進來的紅蟳不同色澤的蟹黃而出現不同色階，入砂鍋，僅需簡單提味即可上桌，靜置約 15 分鐘後再品嘗風味最佳。

在這一般熟悉的海鮮吃法應有盡有，但蟹類單吃，還是以清蒸後沾薑醋最優，特別是難得的清蒸花蚮公。以蚮來說，蚮公的肉質又比蚮母來得更加清甜，公的淺紅蟹殼上會帶有白長條狀的細絨。鯡鰡魚或黃鯡鰡魚就連同西瓜綿漬來煮鮮魚湯，瓜苗未能熟成的西瓜嬰疏下後鹽漬，因為帶有一股天然的獨特酸味，拿來同海鮮清蒸或煮湯都對味。青美中卷輔以香料和五味醬最對味，高麗菜酸也是自家醃，菜晾乾，用洗米水漬出美妙酸香氣後，拿來炒鯊魚皮或其他魚肉都合搭，高屏俗稱「那個魚」的小鰭龍頭魚就吃酥炸。早期廖家就開始自製菜脯、酸瓜仔脯和各種菜乾，招牌白花椰菜乾現在用量太大，三成自製七成改外購，拿來熱炒松阪豬超下飯，深受客人喜愛。海鮮之外，因為大樹是玉荷包產區，酒釀玉荷包香腸鳳梨炒飯也變成店內另一招牌，用當令玉荷包釀的酒露來灌香腸，再取大樹新鮮金鑽鳳梨一起炒飯，如果是四到六月來，還能遇到用土鳳梨炒的版本，酒香酸香加乘更是美味。

海濱海產

各色活跳水產料理・菜酸鮮魚湯・
限量黑鮪魚皮炒菜酸・炸瀾糟海鮮蝦排

海味

　　如果想安安靜靜地到旗津，享受一段專屬自己的藍調時光，那從南高雄前鎮輪渡站過去會是首選。中洲輪渡站下船後有可愛小漁港隨侍在側，巷子裡兩間老字號海產店「海濱」和「金聖春」是老高雄人藏很深的口袋名單。「海濱海產」由在地的莊家經營，家族本以討海為生，彼時旗津人討的海可遠可近，在高雄港還沒開設第二商港前，港區原是個巨大潟湖，因此漁民出海作業外，也時興在內海養蛤養蚵，耆老們回憶，以前紅毛港和旗津本相連，兩地婚嫁與貿易往來頻繁，直到民國五十六年，連結旗津和台灣的沙嘴被切開後才中斷。

　　老闆娘張素霞說，嫁給先生莊明祥後，公公婆婆仍在討海捕魚，先生主業是為木造漁船調色上漆，民國六〇年代夫家想轉型賣吃。從早點開始試水溫，接著是陽春麵和切料，彼時輪渡船站等船人潮洶湧，簇簇人頭常常直接排到舊路上，麵店生意暢旺，鄰近造船廠員工也時常報到，當吃久了開始膩煩，遂撒嬌似地開始詢問能否幫忙炒菜、煎魚、滷鍋肉。素霞姐從善如流，也是急智窮變，反正市場就在旁邊採買方便，於是在海底隧道貫通前，工程人員便當海濱常是幾百個幾百個在出。民國七十三年通車後，觀光人潮湧入，旗後廟街海產店如雨後春筍冒出，老闆們紛紛跑到這頭市場拿漁貨，拿完來吃便飯，建議莊家何不也做海產，成為海濱開啟便當和海產兼著做的契機，

代客料理漁鮮受歡迎，後期聘用廚師把菜色再升級，素霞姐自己也跟著學，逐步走到今日規模。

　　三角窗騎樓被各色生猛活跳的水產箱占領，貨源主要來自前鎮漁港，手釣極品看緣分，仰賴熟識釣客隨機供應，三不五時小船家也會貢獻好貨，一看貨好，速收！海濱甲殼類選項多樣，蟳蟹蝦類如沙公、處女蟳、活蚶、龍蝦、明蝦等都有，清蒸或川燙是王道，龍蝦也可熬粥，蝦蛄吃焗烤過癮。小卷軟絲類可乾煎可酥炸，野生紅鰷、鸚哥、石鱸、加網……懂吃海魚者，來這會舒暢開懷，同樣清蒸或煮湯，有些也適合火烤或鹹酥下酒。莊家自製的私房高麗菜酸發酵後的酸氣迷人，取代味噌或薑絲同海魚煮湯鮮美，或拿來炒海鮮，酸氣遇熱把食材包覆住後很對味，魟魚炒菜酸可試，黑鮪魚季時，限量魚皮彈Q柔嫩，下鍋佐以高麗菜酸和豆瓣醬爆炒，十足下飯。超級隱藏版是只有遠洋漁船有鱈魚乾貨才可能限量吃到的鱈魚乾滷肉，魚乾隨保存時間拉長風味濃縮，在滷鍋裡帶動肉塊合體釋放猛味，可遇不可求。

　　炸海鮮蝦排也高人氣，把俗稱「瀾糟」（nuā-tsô）的海鱨魚刮肉打漿攪入手剝蝦仁漿後，再加入荸薺、花枝丁和蝦仁丁塑形酥炸，第二代莊俊立接棒後還添購了蒸烤箱，因此這也吃得到用青

鮡魚卵、龍膽石斑下巴或秋刀魚等做的日式甘露煮，但量大才做，如果遇到了，連同蝦排外帶，拎著啤酒到海邊野餐很chill。素霞姐招牌的蛋黃芋頭丸是每桌帶儀式感慎重以待的結尾，餘韻會從喉頭沉沉沉到更深的地方去。

對比過港隧道自駕或從哈瑪星的鼓山輪渡站前來旗津，以高雄人角度看，都還是太喧鬧了。務必來中洲的小漁港挖寶。

　　　　　　　　　　　　　　　　海味

四維路上　無店名

鮪魚海產粥・鮮魚湯・澎湖空運海魚料理・隱藏版熱炒

用嘴穿搭，閃閃發光

在這裡你打開的是一個男人帶海水氣味的珠寶盒，

　　近文化中心四維路上這間未起店名的台式小館，無菜單的海味料理與熱炒菜，長年被遮掩在樹蔭和綠棚底下，仍舊難掩其自帶的金光，老高雄人只管安靜來吃，也就順勢避而不談，因為這樣的店，就好在無法爆量生產。楊老闆個性也低調，會選在千禧年之初開始點燈都是因緣際會，早前自身累積出的四十年手釣海魚非凡經驗，開店全派上用場，看來是老天不要他埋沒。「煮魚前要先懂魚」是他堅守的開業核心，魚兒種類萬千，但吃法何止萬千，和人一樣，熟稔都需要時間。楊老闆尋覓和調度食材的眼光是鎮店之寶，但食材的底夠青夠

鮮仍不夠，也得有相對應的料理技法來支撐，他堅持所有料理不摻糖不勾芡，如今店內的小徐師傅徐新揚稱呼他一聲姨丈，有了家族新血加入，也讓楊老闆更可以無後顧之憂地和魚鮮們搏感情。

　　楊老闆對大海博愛，從東沙群島連到澎湖海域，都是他的守備範圍，不出海時，高雄三和、武廟、國民等傳統老市場，魚販們雖然都熟，他仍固定每日都要親自去巡一趟才安心。炎公、黑鯛魚、赤筆仔、黃鯝魚、紅衣、黑加網、幽面仔、白帶、瓜子鱲、秋姑、三角仔、花枝、澎湖土魠、黃雞……每日收進店

無奈極端氣候與日益枯竭的
海洋資源，如今鮮魚都要用
「找」的，很看緣分。

內的極品漁獲種類都不固定，早期有眾多釣友可四方應援現撈或手釣好貨，
但現在極端氣候籠罩，出海的人越來越少，因為可能連油錢都不夠貼，因此
現在每每開箱讓客人挑魚，都像在打開大海的珠寶盒，每一尾都是耀眼奪目
的珍稀寶石，如果當日貨源不足，盒裡珠光黯淡，他索性直接關門休息。

　　煮湯、滾粥、殺魚、鍋炒等環節分工明確，很難想像楊老闆這些技藝全
是無師自通，他到處吃，回頭再鑽研內化，無菜單是因為這裡的菜很難被定
義，唯一能確定的是充滿楊氏風格。原則上可先去電說明人數和抵達時間，
他會依照客人偏好來判斷是要紅燒、香煎、蒸炊、熱炒或煮湯。招牌鮪魚海
產粥是用熟飯下去和海鮮拌煮，蚵仔、蛤仔、鮪魚、白蝦、小卷（天氣不好
會用其他取代），連同絲瓜翻出甜美湯韻，有幾口下肚就有幾層的鮮。

　　料理中醬料都只是點綴，如果魚的肉質密度高，他就建議客人香煎，外
酥內嫩的祕訣是煎好要蓋鍋燜一會兒，土魠魚頭這類，就拿老菜脯和蒜苗一
同下去燒煮滋味最好，好魚搭麵線或煮湯滋味也鮮，魚冷水時就要下鍋，中
火，滾了，調味後馬上關火耐性讓魚肉轉化出嫩而不柴的滋味。其他海味和
熱炒也都高人氣，如麻油炒花枝、薑醋豬肚、現剝厚殼蝦仁蛋炒銀芽、隱藏
版用豬肚、五花肉、蝦仁組合出的炒三鮮、麻油老薑蒜炒雞肉等都是必吃，
蔬菜也不馬虎，烏醋炒黑木耳花椰和番茄蛋炒菠菜都美味，道道都意圖使人
推（thui，大吃）好幾碗飯。

(054)

旗山桔仔大王

熱桔茶・冰桔仔檸檬汁

好多旗山朋友告訴我，童年當快誘發小感冒或喉嚨不適時，第一個想到的不是去看醫生，而是先繞去延平一路上的「旗山桔仔大王」喝杯熱桔茶，小店是由老頭家陳順來所創設，至今已陪伴旗山人近四十五個年頭。早前，他做的是建築業，從產業跳出，以金桔和檸檬做果汁飲是誤打誤撞，然而為了新事業他還曾到北客聚集的新竹學習桔醬製作。學成後早期店裡也供應桔果醬、鹹桔醬、桔仔釀等，全盛時期每週都有人想來拜師但都被他婉拒，交棒給兒子陳冠霖後，他自小即跟在父親身邊幫忙，做中學，至今仍秉持古老工序催生老味道，店內

時常不見其人影由老闆娘坐鎮，是因為他不是在送貨就是在前往產地的途中。

一到兩天就得親赴產地揀選新鮮桔仔，選擇關鍵有三個，軟硬度要適中，色澤和尺寸也得講究，特別夏季盛產時果皮要翠綠，維他命 C 含量最高，大小約 10 元硬幣，過大汁水太多，過小容易把籽壓到爆裂反苦回汁水裡，因此榨汁仍堅持人工，要的就是那股手壓時在輕重之間細細拿捏的巧勁與分寸。冰桔仔檸檬汁和熱桔茶，品項簡單乾脆，茶飲不用整桶濃縮液還原，就是現場點好，再一杯一杯現榨，小杯裝每杯至少就要用掉 10 顆以上桔仔，大杯裝至少一斤半。

據老闆娘形容，飲品表面「會浮著一層維他命 C」，肉眼看，和空氣接觸的介面的確有晶晶亮的感覺。

＊附註：照片是在舊店址拍攝，當時很有味道的攤檔，在新店裡還是看得到。

　　桔仔含有豐富維他命，但很少看到以桔仔為主打商品的飲品店，招牌熱桔茶，裡頭有鮮榨桔仔汁，加上配方茶，熱飲最佳，口感溫順滋潤，尾韻會生津回甘，由老頭家獨門研發出的配方茶很神祕，喝時會產生一種類似喝到黑糖薑母茶的微微辛辣感，但裡頭完全沒有中藥和老薑，也不是茶。所有食材都是純天然，沒有化學添加，熱飲裡會放進幾顆桔仔，建議連皮一起吃，因為營養成分極高，所以不建議靜置太久，果皮會轉化出苦澀。酸甜度比例固定，食材互搭後的效果極好，熱喝時，如果客人說不要加桔果進去，那他們寧可不賣，這樣的堅持都是為了提供最佳賞味體驗。冰喝的桔仔檸檬汁則會兌進檸檬汁和配方茶。

　　在台灣南部、特別是在屏東九如盛產的桔仔，因為多用於坊間手搖飲店被冠上「金桔檸檬」的飲品中，因此常常會和宜蘭知名的金柑產生混淆，實際上，金桔指的是「四季桔」，外觀小巧渾圓，據聞因為它是由墨西哥萊姆混種而生，汁肉也的確帶有明顯強勁的酸溜氣，故常聽到老一輩人直喊它「酸桔」，兩者熟化後外皮都會轉趨金黃，但金柑連皮帶肉都帶甜度，加工成金棗當蜜餞吃頗受歡迎，某些改良後的品種，甜度拉高，甚至可直接做沙拉鮮食，但新鮮的四季桔，為求避開酸澀，以果汁或茶飲形式搭配其他食材一起呈現，或者是做成甜鹹果醬或釀酵為佳。這從市井小民到附近執教的大學教授，從出家人到營區官兵全都愛喝，因為那是喝過一回，身體就會記住的真滋味。

古早味冷熱飲

055

高雄婆婆冰

四果冰・李鹹冰・古早味番茄汁／番茄切盤

約莫一九二〇年代，婆婆冰創始人蔡趙固女士，和同為澎湖西嶼人的夫婿蔡淇昆先生，決定從家鄉跨過黑水溝移居台灣本島打拚新局，落腳處就選在高雄鹽埕。初初生活並不如意，二戰期間某次空襲後，先生因病過往，在如花綻放的年紀守寡沒有時間悲傷，因為嗷嗷待哺的孩子們還仰賴她的羽翼，為母則強，先從飯盤開始賣起，婆婆決定不向命運輕易低頭。

彼時攤頭前總有位老先生會停留兜賣古早味蜜餞和楊桃湯，人氣頗旺，南方天氣溽熱，飯後吃點甜解饞稀鬆平常，

沒有後代的老先生退休前把畢生私房功夫全傳授給了婆婆，後來她在大菜市前找到一約莫3坪大的臨時建築，開始轉型賣冰，並取名為「新生號冰果店」。婆婆先從賣李鹹冰、紅豆牛乳冰、楊桃湯、紅茶開始試水溫，當時飲品都是倒在玻璃瓶中放保冰桶，喝完的瓶子收攤後還得費心洗滌，用量大的冰花得靠人工耐心手剉。婆婆因患有頭疾，衛生考量下，遂長年都包裹頭巾做事，如今看到店內包著紅頭巾、笑臉張開雙臂歡迎客人的可愛阿婆圖像，即是當年她辛苦撐持根基的縮影，在後代正式註冊成商標後，婆婆可愛的鮮明意象也得以永遠留下。

招牌綜合冰的淋醬以前是李
鹹紅湯加草莓醬，現改用紅
龍果醬配搭，風味更勝。

　　婆婆的兩個兒子自幼就隨母親悠遊在冰菓海裡，耳濡目染，生意做起來
後，冰也隨著人開枝散葉。招牌李鹹取紅肉李來做冰，先用粗鹽漬醃，洗去
鹹味後再日曬徹底蒸發果肉裡的殘餘水分，接著糖漬，早期糖鹽防腐，是拉
長保鮮期的普遍做法，鄰近多碼頭工人，排汗量大，吃點醃好的大仙李肉是
他們極好的營養補充，時至今日，李子仍堅持用日曬法自然烘乾。

　　四果冰是李鹹的延伸，另外再添入漬楊桃、酸甜樣仔青（suāinn-á-tshenn，
青芒果）和糖煮新鮮鳳梨，每道的製作都耗時費工，因為果肉必須先破壞組
織才得入味，時間即等於風味；這裡的李鹹或四果冰之所以深受歡迎，另一
關鍵是最後澆淋的，是拿來取代掉糖水珍貴的肉李紅湯，李肉慢慢滲出的湯
汁滴滴珍貴，拿來澆淋到冰好奢侈，卻也讓口感變得更立體深邃。

　　招牌綜合冰則是完美演繹了混搭藝術，在四果冰裡按比例再加入八寶餡
料，滿足熟客難以抉擇的心，讓外國遊客瘋狂的芒果煉乳冰是夏季限定，冬
季則有草莓煉乳冰；古早味果汁飲和水果切盤系列，這也都找得到，可特別
嚐嚐番茄系列，除了南部獨有的番茄切盤外，拿山區番茄以自家炒製的甘草
鹽和少許二砂調味，打出一大杯鹹甜鹹甜的豔色番茄汁，可是許多老高雄人
走進這裡的口袋選項呐，菜單琳琅滿目，在這裡，吃的喝的，是一整個時代。

　　　　　　　　　　　　　　　　　　　　　　　　　古早味冷熱飲

056

香茗茶行

招牌鮮奶茶・各色精選茶飲・茶風味霜淇淋

帶著茶葉浩蕩進行過島內遷徙，

如今又從港都傳頌出去的老茶行

　　道光年間，廖氏家族自福建同安移居台灣後，在南港落地生根種茶，彼時以茶葉外銷為主，爾後廖家看到了南下契機，著眼於日治時期高雄較少具規模的茶行，於是第一代老闆廖萬和 14 歲即跟著長輩下來探路，一九四六年「香茗茶行」在鹽埕大菜市舊址後面新興街 101 號成立。後來店名取作香茗，是因為戰後外省移民漸多，他們愛喝香片，加上品茗讓喝茶更添雅興，遂將兩者合一，彼時店內主推的還有龍井、紅茶、鐵觀音、包種茶等，往返於本島與金馬的官兵，等船空檔也常來光顧。

　　廖祐祥是第二代，從 6 歲開始就跟著父親學，那時茶葉運抵哈瑪星後會以牛車直送店裡，沒有茶廠可委託，方方面面都得自己上手，於是烘焙用的火炭自己錘，為顧及賣相茶梗親手挑，販售要領也要到處鑽研，當時舊市府附近有所謂的「河西走廊」，走廊上有夜市、妓女戶、賭博間和清茶館，茶館裡放置成排躺椅，熟客一待就是整天，閒聊時嗑瓜子，泡茶的茶葉也都和香茗叫貨，如今老店牆上古董級鋁製茶罐一字排開，滿溢時代氛圍。香茗也很早就跟上時代推外帶茶飲，第三代也都投入合力撐持，創始老店由聖倫和卉菁協助父母打理，聖中哥則負責員工內訓和對外開疆闢土。

　　香茗茶款主要分成三大類：冷泡、熱飲、鮮奶茶系列，以及茶霜淇淋。茶單上產地都清楚載明，他們見證過早期台灣紅茶起落的歷史，紅茶需求量曾大幅下降，到了現在是反而量又不夠，因此也仰賴印度和斯里蘭卡等地的茶葉進口。香茗用的是中高端現泡茶葉，揉塑成長條狀，是為了保持原葉片

　　　　　　　　　　　　　　　　　　　古早味冷熱飲

門面上還鑲嵌著高雄最早期的四碼電話號碼，茶始終是安靜的見證者。

的完整，減少斷面碎裂，碎葉不代表品質差，只是在製茶過程可能會在色度和風味上較難控制變因，好比印斯兩地因為曾被英國殖民，喝法因應英國天冷需要更快速的沖泡，茶葉較碎在製茶時就得靈活應對。紅茶的調配真是一門很深的學問，從毛茶來源、焙烤程序、火力都得思量，香茗招牌鮮奶茶以三種不同等級，分別是紅茶、特級紅茶、OP紅茶按比例製作，必需依據品項來對香氣、澀度、色度等進行專業拼配。招牌鮮奶茶，固定三分糖，兌進在地高大牧場的鮮奶製作，整杯茶鮮明立體，每天喝到的口感因為茶性和牛隻奶水裡的乳脂變化浮動都屬正常，但品質是穩定的，老店堅持不加珍珠，因為珍珠附著的糖蜜會破壞茶水結構的平衡。

冷泡有花橙白毫紅茶、手採紅玉等，傳統的洛神或菊花也都有，花橙白毫取自頂端葉芽的位置，滋味順口清雅，洛神茶不加烏梅和仙楂，純用洛神花萼製作，菊花茶則選用台東太麻里的黃金菊，純以糖水去兌出花香，不加枸杞添味，香茗有辦法讓茶色自然保持金黃不變綠。熱飲則是冬日救星，喝點炭焙的茶飲很讚。近年才開發出的茶霜淇淋是大亮點，目前有 6 到 7 種茶配方在輪換，什麼乳化劑、色素、糖漿、鮮奶油、奶粉、膨鬆劑都沒有，融得快，舔著，純美茶香盈繞著舌尖往下沉，別醉，因為時間耽擱不得。

陳媽媽

手工冬瓜糖條剉冰‧客家米粄點心

古早味冷熱飲

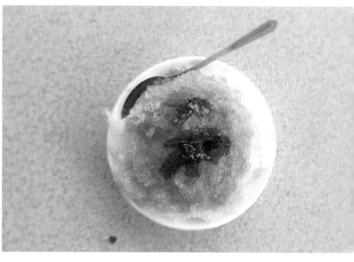

　　在美濃鎮上已點燈快二十年的「陳媽媽手工冬瓜糖條剉冰」，如今已由「二代陳媽媽」吳方齡接棒。來自鄰近廣興地區的她，辭掉台北工作後返回故鄉，因為早期冬瓜糖剉冰婆婆曾短暫做過，當時婆婆是從她廚藝精湛的姐姐那習得爾後再發揚光大，傳給方齡時只有口述，沒有固定的工序和比例，後來自己摸索和領悟出一套邏輯，找到黃金比例。初初，看著公公開的小鎮鐘錶行店門前的騎樓空著，家人間腦筋動得快，物盡其用，經過稍加整頓布置，空間很快就和這對婆媳的好手藝一樣千變萬化了起來，也開爐做起形形色色客家米食。小騎樓帶財，起步後就停不下來，這兩年在隔壁幾間，開始有了自己的小店面。

　　剉冰早上 9 點開賣，方齡回憶道，兒時，美濃地區就有吃冬瓜糖剉冰的風氣，但彼時坊間冬瓜多會先浸泡石灰水去定型，求風味轉化與後續穩定存製，陳家是直接把生冬瓜炒 Q。程序上，先炒白糖約半小時，她說客家人喜歡炒糖，炒功各有心法，炒出焦糖味後下生冬瓜切條去拌炒，第一道火要大，讓冬瓜肉在被糖漿包裹住的同時水氣也被徹底逼出來，Q 度和硬度才會完美出現，冬瓜出水最後熬成糖水蜜，因為冬瓜分大小，出水量不一，過程大約要經歷 2 個半到 3 小時不等。

　　要炒製得夠久最後才不至反沙，那會讓白糖狀態又從液狀再轉回成沙

狀沉在底部，蜜到最後，放涼，直到看見深琥珀色的濃稠漿液，就能準備做剉冰了。

剉冰可以加冬瓜條糖漿單吃，也可自行選料，配料有芋頭、愛玉、粉粿、紅豆、花豆、綠豆、木瓜籤、客家仙草，自製的客家粉圓等，耐得住甜者也可追隨在地年輕人步伐點隱藏版吃法，在冰裡只加冬瓜條糖漿和煉乳，混搭後會有種在吃「太妃糖剉冰」的錯覺。在地人喜歡當下午點心，或晚飯後散步過來吃上一碗，和方齡隨意話家常個幾句，進入冬季後到隔年春天，剉冰不一定會有，但每年十月中到隔年元宵節前，客家鹹甜湯圓會在小店裡接棒登場。

吃完冰，還能跨過幾個店面去鐘錶行找隨和的一代陳媽媽買客家米點心，這裡最推發糕和紅龜粿，發糕是用純蓬萊米去做，超Q，紅龜粿則用純糯米做成，一般是用紅豆或綠豆餡，這裡則是用紅豆餡或芝麻餡，芝麻餡是用先炒過的蓬萊米磨粉，把香氣炒出來，接著加入整顆整顆的芝麻粒下去拌，再入糖炒成糖餡，做成純白色粿皮中間會再畫上紅色條，客家話叫紅粄。如今兩邊仍舊是相互支援，鐘錶行擅長幫人記住時間，但米食和剉冰下肚，好滋味卻又讓人擔心會忘了時間。

■ 補充：依教育部臺灣閩南語常用詞辭典，剉冰的剉，正寫為「礤」字，音讀 tshuah，然坊間普遍會使用「剉」或「挫」字形容之。

齒輪軸是風，刨冰機是水，同步地轉啊轉，把喜歡者一直轉進來。

古早味冷熱飲

058

添記

楊桃冰・芒菓冰・鳳梨冰

「添記」老闆李仙添原本是阿蓮崙仔頂人，家裡製湯的因緣得從日治時期開始回溯。他的父親李萬天原本單純從事水果批發生意，當年因緣際會將整批生楊桃載到鹽埕賣給了一挑擔兜售甜湯的老師傅，並驚訝他手裡楊桃湯的滋味怎能如此曼妙，最後索性直接拜師，以三年四個月時間把手藝帶回了阿蓮，後來因故曾中斷販售，幸而仙添伯當兵完後回頭重啟，楊桃湯才順利於民國六十三年於路竹點燈。沒有選在家鄉復出的原因，是當時開業前他曾上大崗山超峰寺向觀音菩薩祈願，本只想透過擲筊安穩心神，但最後隨籤詩指引，提醒

新店須從阿蓮一路向西而行，路竹即位於阿蓮的西邊。重啟後，仙添伯先窩在小巷內試水溫，沒想到反應熱烈，民國七十四年買下的現址，就緊鄰熱鬧的路竹民有攤販集中場，幾乎是 C 位的概念，那時想喝都得排隊，而他在湯水裡打拚轉眼也快五十年。

店內主打的楊桃冰、鳳梨冰、芒菓冰，不是現下看到的那種大盤奶味四溢的鮮果剉冰，而是一杯杯加了碎冰的古早味甜漬果湯。楊桃依舊是核心，為了想要擁有更穩定的果源，添哥後期也開始買地種樹，園子裡成群土楊桃樹被他

漬湯的楊桃、芒菓、鳳梨，堪比星星、月亮、太陽，
讓老店閃耀。

照顧得枝繁葉茂。採收處理好的生楊桃肉會擠成一大缸一大缸，果肉體質本
就優秀，醃製是轉化，讓奔放的滋味節制後轉為內斂，添家醃漬時間抓半年
到一年不等，無中藥添加，僅靠時間把香氣和風味吊出來，漬到酸甘、氣味
飽郁，但不會有股過重的鹹膩感緊壓在喉頭的楊桃湯才屬上乘。鳳梨選的是
肉質幼細的台農 17 號金鑽，而發酵後的土芒果原汁，有兩年分和五年分，一
掀蓋，撲鼻瞬間會有聞到香檳的錯覺。

　　各色果湯被充滿自信地展示在店頭攬客，分成有粒無粒，那是添家的特別
喝法，飲品裡可任意搭配楊桃、芒菓或鳳梨等漬後的甜酸果肉，湯想加酸也
行，想選綜合也都隨意，竹籤插著，邊走邊喝邊吃，滋味層層疊疊，整杯變
得好玩又有趣。如今在高雄車站附近的熱河商圈也開了分店，交由女兒看顧，
時代越來越快，店內「緩慢的」湯水裡確信有些東西仍被好好地保留了下來。
只要有果子在的地方，拜樹頭也是在把土地的滋養持續喝下肚，舌尖與風土
的對視也將不會停止。

古早味冷熱飲

059

一等一咖啡茶飲

手沖咖啡・奶至尊・冰咖啡・茉香綠茶

往駁二藝術特區和鹽埕小吃觀光熱區中間的公園二路走，這裡是高雄早期貨櫃產業興盛時，拆卸老舊散裝船的廢鐵零件拿來變造的要地，從老牌華后大飯店右彎進新興街，L型串起的區塊被在地人稱為「大小五金街」。然而就在這如此陽剛的場域裡，卻又隱身著「一等一茶行」這等如此纖柔的小店軟化著街區線條，店內除了有好畫有木雕有黑膠唱片，重點還是那優秀的茶飲和咖啡，德國頂級音響品牌 MBL 的古董喇叭仍傳頌著樂音，瀰漫的咖啡香也順勢覆蓋了附近五金鍛造飄散的焦氣。

老闆蔡嘉哲原是嘉義布袋人，人稱「老蔡」，民國六十三年南下高雄，先在傳產的衛生冰塊工廠做事，多年來進而認識了下游許多製茶業者後，發現茶水品質參差不齊，遂從民國七十九左右開始鑽研茶葉，退休後休息了兩年，最後敵不過想推廣的念頭，在新興街自宅一樓開了店。老蔡熱血，來這喝茶他會從基本辨別香精茶或天然茶的訣竅開始教你如何捏住鼻子，舌頂上顎數秒，讓好茶下肚後，先關閉我們平時嗅覺先行的慣性，藉由氤氳口腔的茶香，去體悟和辨識何謂「口感」二字，因為香精茶會用銳利氣味誤導品飲者當下的判斷，

老蔡很做自己，最愛珍稀的冬片仔茶，活脫脫就是個資深文青。

喝完口渴不止且無法回甘。天然茉莉花香滿盈的茉香綠茶，是溽夏裡的美妙救贖，超高人氣「奶至尊」，茶葉混合了 5 種冬焙或春焙的發酵茶，其中包含了來自斯里蘭卡 FBOP 等級紅茶與台茶 18 號紅玉，兌進冰涼鮮乳後，奶茶香醇卻口感輕盈，熱喝又是另一種風情。

　　他也玩手沖咖啡，但不炫技，烘豆既非歐式也非日式，而是囊括自身心法的「蔡式烘焙法」。 從義大利進口的骨董烘豆機，全台只有兩台，仍持續運作中， 咖啡豆全是淺焙，老蔡要的是能回甘，店裡有張自製的烘豆賞味週期對照表，他說豆子烘得好就不需花時間養豆，高溫 100 度水不必降溫可即沖即喝，香氣會被極萃出來，烘不好，豆香出現的巔峰期就有如曇花，轉瞬就會連著跑出的苦味和焦味同步從喉頭向下直墜。另外，一般手沖時間約莫抓 2 到 3 分鐘，但蔡老闆平均沖一杯要花費 6 到 10 分鐘，主要是濾紙和濾杯的選擇，他用的梯型濾杯有別於其他 V 型長溝槽設計，高壓加快了流速，梯型濾杯內壁的波紋和導線分布與濾紙孔隙的粗細，都讓咖啡粉有更充裕的時間與熱水結合，用的軟水經過特殊處理，不用 RO 水，喝第一沖時香氣最足，第三沖則最能感受到甜度。因為手沖時間超久，所以老客人們都戲稱店名應改成「等一等」，固定使用 G1 等級耶加雪菲製作的冰咖啡，果酸香氣清朗鮮明，兌上一點自家熬煮糖水，喝起來非常順。曾試過他私房如今已不外賣的手作司康，他浪漫地說，熱司康是咖啡最親密的愛人。老蔡，真有你的！

古早味冷熱飲

寶來 36

咖啡 / 小米紅豆 / 鳳梨 / 桑葚 / 梅子 風味愛玉

千禧年後的第四年，「寶來36咖啡愛玉」在山城裡點起小燈。寶來位處六龜區最北端，葉家是在地人，兜轉一圈後回頭才意識到怎麼不和家鄉的愛玉子結緣就好，從寶來再往上到桃源區的復興、梅山、梅蘭都找得到愛玉子，葉家人分享，早年仰賴布農族人的靈敏腳程入山採集後帶下到寶來做貨品交易，物換星移，如今他們開店則是固定找自己熟稔的供貨商穩定取得天然野生的高山愛玉子。

隸屬於桑科榕屬的愛玉子是台灣特有變種常綠藤本植物，最常在800到1800公尺上下的中高海拔原始林現蹤，

對環境敏感，從日照、溫度、土壤排水性處處講究，且高山中的野生愛玉子生長期會附攀在岩塊或巨木上頭，因此平地栽植不易，而愛玉子唯一倚賴授粉的膜翅目愛玉小蜂怕熱也是變因，繁衍過程稍一不當果實風味就會受到影響。愛玉在台灣也很常和薜荔或大果藤榕所洗出的果凍混淆，但薜荔出膠量少，較常被做成涼粿，大果藤榕則是只在南台灣和離島現蹤，極少看到，洗出的果凍帶鮮明的煙燻混青草味。根據研究台灣光是愛玉子就有百來種種原，葉家人最常用的「紅九」品種，果體小但果膠豐厚，出膠率驚人，洗出的愛玉凍品質優秀。

與阿里山和縱谷區一帶洗出來的愛玉相比，風土讓各地的愛玉滋味有了微妙差異。

愛玉子曬乾後他們是用寶來溪淨化後富含礦物質的山泉水來和愛玉子溶出的果膠交聯成凝膠，搓洗者過程得留心手與鍋具都不能沾染油脂，因為會破壞兩者鍵結，不同力道洗出來的色澤和軟硬度都不同，洗的時間也得拿捏，洗太久會讓空氣有可趁之機使愛玉產生孔洞影響口感。

　　有別於一般常見加糖水擠檸檬汁吃法，寶來 36 發展出了一方愛玉宇宙，人氣綜合口味裡美濃和萬丹紅豆、部落小米、東山煙燻桂圓等食材全都入列，桂圓同小米慢火糖煮後有一種類似吃桂圓米糕粥的錯覺，最後再疊上豆沙，整碗愛玉顯得熱鬧非凡。咖啡愛玉則是誤打誤撞，原是貼心設想冬天可以提供咖啡品項給客人禦寒，後意外發現和愛玉非常合味，自家研磨咖啡豆粉前一晚先沖煮好降溫冰藏，待客人點餐再兌進黑糖水和鮮乳裝進復古咖啡杯中，美味外漸層的視覺也發散著懷舊風情。梅子口味則是巧妙結合寶來人習以為常的醃梅文化，清明前後青梅黃梅先後到來，已熟化的黃梅糖漬一年後韻調飽滿香厚，當漬梅和梅汁都下去，愛玉也瞬間風雅起來，曾吸引許多日本遊客專程拜訪，桑葚口味則是夏季限定。

　　洗愛玉也同時像在洗滌心靈，八八風災前，寶來四季熱門，春天賞梅，夏天泛舟，秋天爬山，冬天泡湯，災後風光頓滅，這些年人與山林都努力修復，心與身養著，才又一步步慢慢努力走到了今天。土在，人就在吧，愛玉裡的水嫩情意也就不斷。

古早味冷熱飲

雲家檸檬大王

金桔檸檬汁・檸檬青茶

061

甜酸飲大王就是它

在高雄，會叫大王的，刷子都有好幾把，

「雲家檸檬大王」由雲利禎老先生創辦，雲老先生共有四名兒子，目前由老大和老二的兒子，以及老三雲復泰父子一同接班，各自都有在外頭開設分店，但位在國民市場的創始老店目前是三家人輪班，每家大約輪值 15 天，飲品調製的脈絡相同，但有趣的是手法總還是在幽微之處有所差異，風味都有自己的個性。雲老先生本是鹽埕人，在現今的文武聖殿周邊，還住著為數不少的雲式宗親，以前他先在市場裡擔任「喊市」的拍賣人，長年經驗累積，養成了他對食材好壞判斷的精準眼光。

移出鹽埕後，輾轉遷移到國民市場落地生根，初來乍到，因小孩陸續出生，嗷嗷待哺者眾，觀察高雄天氣炎熱，他發現周邊賣刨冰者多，想著如果主打果汁應能異軍突起，加上偶然讀到一篇文章，講述英國自十九世紀以降到二戰，能夠宰制世界海上霸權，係和士兵們長期服用檸檬汁，藉以降低壞血病罹患率有關，於是起手式就選擇了檸檬，最終拍板定案主打「金桔檸檬」，從民國五十年創辦起算，至今已在高雄紅火了數十年光陰。以前冬天涼飲銷量會下降，他毛筆字寫得好，架起小桌小椅就開始做起手寫春聯的客訂，加上太太台南人，

酣酣暢暢地，讓碧沉更沉，黃豔金光晃蕩，要說迎接夏天該有的誠意，這也才算得上。

綁粽功夫一流，菜粽肉粽熱銷讓雲家冬夏都有了鎮店明星。二代接棒後由兒子們和妯娌繼續共同撐持，但招牌能長年亮麗，靠的不是檸檬酸，是齊心！

　　店裡招牌用的是來自屏東九如的土檸檬，和幾間特定農家配合，產地直送，除了酸度純度夠，檸檬香氣也特別飽郁，春夏盛產，一到貨，先仔細反覆人工刷洗外皮，再泡水半日徹底去除雜質，接著要靜置 7 到 10 天，讓剛採摘下的果實裡那股特有的酸澀味消水（siau-tsuí，排水），並持續熟成讓風味順利轉化。榨汁皆靠人工，連皮一起，他們用的是特殊設計過的機器，榨汁時種籽不會因擠壓破裂導致苦味混進汁水裡，當天現榨，不留隔夜；其一負責榨汁的蕭伯伯是雲復泰的老同事，退休後，當輪到雲伯伯的班，他就會過來幫忙，壓榨過程滿溢人情馨香。

　　熟度適中的金桔也是現榨，檸檬與金桔汁比例約抓三比一，輔以中小火慢熬 8 小時而得的糖漿提味，糖水清揚回甘，形成黃金比例，酸甜沁人不膩的原因，汁水涼度也要夠風味才能持久，靠經驗人工動態調整，整杯飲品入喉覺不到夾雜任何苦澀雜味。另一款不是每間分店都有的檸檬青茶也推薦，茶葉是和在地光華路上一老字號台灣本產茶葉茶行購買，分成冬茶和春茶，以冬茶來做，味道較多層次且濃郁，以春茶來做，則是多了股香氣，味道也較輕盈，一樣是兌進自家鮮榨檸檬汁和慢熬糖水，請務必點選微微版本，喝來順口，身體會開心。

古早味冷熱飲

看盡了旗山小鎮繁華起落，

仍屹立不搖的老牌果汁飲

朝林冰果室

楊桃杏仁露

　　由老頭家劉朝林所創立的「朝林冰果室」，至今已超過八十年。西元一九三九年朝林伯先由挑擔叫賣開始，初初先以綠豆汁、楊桃湯、鳳梨湯等簡單甜湯攬客，另外還會用大灶煮柴燒杏仁豆腐。

　　曾在鎮上同時擁有 3 個據點，各自主打不同產品，但太平橋旁的這間老店始終最受歡迎，別看空間只有約莫 3 塊塌塌米大小，店的斜對面就是旗山戲院舊址，和街尾的仙堂戲院遙相呼應著，彼時約可讓二千位觀眾同時入場，加上緊鄰著媽祖廟與老市場，戲院對面又是如今已被拆除、裡頭也曾藏了許多「老師」（lāu-sai，老

師傅）等級職人技藝的「大溝頂太平商場」，因此可說劉家人躬逢其盛也被陪伴著走過了旗山最繁華似錦的年代。

　　戰後民國四〇年代中期，這裡成為鎮上群聚交誼的熱區，當地耆老分享，那時因為電影首場放映得等到下午 1 點半，中午吃飽，空檔就會三五相邀先過來朝林吃點甜的，因此橋上就蹲著整排人在喝冷飲或分食水果切盤。臨近廣場上推銷狗皮膏藥的賣藥人腦筋轉得飛快，順勢弄個整套看似刀槍不入的節目博取買氣，一些奇門遁甲魔術雜耍也都紛紛冒出，邊吃邊看，簡直比電影還精彩。

當不幸錯過楊桃湯時，我個人的隱藏版點法就會變成檸檬鳳梨汁杏仁露。

朝林伯推出的自製楊桃湯，最早係用玻璃瓶裝，裡頭還會削進一片星星狀的楊桃肉，鹹甜滋味客人很愛，後來他靈機一動思籌起何不直接把楊桃汁淋在杏仁豆腐上搭著吃，沒想到推出後大受歡迎，無心插柳一路從日治時期至今蔭出冰果室榮景。

　　楊桃汁始終遵循由他傳下的古法釀造，固定向合作幾十年的老果園拿貨，果實得慎選，入甕後的釀製過程風味會不斷轉化，如何在萬變氣候中拿捏分寸全賴經驗。這裡的楊桃汁喝起來感覺沒有被「壓」過，口感也不會過於死鹹或死甜，也因為加入中藥漢方，單喝清甘且帶點幽香尾韻，搭配不會過度彈脆仍略帶綿滑的杏仁豆腐後，滋味不是對撞，反而是交疊。但他們也苦惱現在好的楊桃產量是越來越少了，有時貨量不足楊桃湯酸鮮味無法達到該有的厚度時，他們會果斷採取限量或暫時停售，以綠豆汁或鳳梨湯取代。店裡招牌的古早味飲品眾多，好比按季節不同，每季都會用近十種不同蔬果攪打出的蔬果汁也頗受歡迎，酪梨布丁牛奶則是許多旗山囡仔（gín-á，小孩子）的最愛，果汁牛奶系列等也都有自成一派的擁戴者。

　　　　　　　　　　　　　　　　　　　　　　　　　　　古早味冷熱飲

曾經風靡全埕的橘紫雙嬌，

來喝一杯認識裡頭的俏

⭕ 063

真響

古早味菓菜汁 · 蓮藕茶 · 冬瓜豆奶

　　隱身在北斗街與新興街街口三角窗騎樓底下的不起眼小攤「真響菓菜汁 · 老牌蓮藕茶」，至今由第二和第三代合力撐持，也安靜走過七十個年頭。第一代老頭家鄭鏗郎是新竹人，日治時期南下鹽埕找尋新機，最初以賣車輪餅和菜包維生，後來透過相親與住在鄰近內惟地區的吳昭英女士結婚。昭英小名人稱「昭ㄚ」，昭ㄚ娘家在內惟有自己的蓮藕田，彼時長輩看著小倆口的生活備受艱難，遂叫他們乾脆拿自家蓮藕去熬茶擺攤營生，「昭」字看來旺夫，也把家裡的前程都點亮。

　　夫妻倆會將各色自家熬煮的茶飲放小車推到市場叫賣，從當時一杯 3 角賣到現在 15 元，不美觀的頭尾藕肉就切下來做糖漬藕片贈送給客人，也會留些做成藕餅自家人吃，攢夠錢後，他們買下一層樓半的木造平房當起家厝，直到民國七十幾年才改建成現在的透天。兩人共育有四男三女，長子和三子接棒後，齊心打拚，攤頭和廠房，一販售一生產，固定每年由兩家人輪流交換經營，務求從內到外，每個環節大夥都能嫻熟與看重，水平式的職務輪調是當代重要的企管思維，端著菓菜汁的馬步紮得是又實又穩。

每杯飲品都在比例上達到了完美交集點，讓人想要喝完一杯再一杯。

物換星移，內惟埤塘裡蓮藕和菱角風光早已不在，鄭家改從台南新化山腳里購買紅花藕來製茶，蓮藕主要分成七孔的紅花藕和九孔的白花藕，相較之下，紅花種的口感偏向軟糯鬆綿，氣孔較小，切片時較易出現帶粉質的乳汁，適合煲湯或製茶，熬製後風味濃郁，拿來做甜點如桂花糯米藕極好；白花藕滋味偏脆爽，溽夏涼拌最佳。鄭家在鮮藕送抵後會馬上整理好進冷凍庫，蓮藕會選外皮還一點一點的「中年藕」，太幼嫩的熬茶不好喝，藕肉攪碎後須慢熬數小時，先濾渣再兌進噴香的自熬糖水，蓮藕茶成色優雅，紅中透紫，口感濃稠，且香氣層疊。

攤頭另一招牌真響菓菜汁，是由三子鄭武財所發明，如今製作主要由人稱「財嫂」的太太鄭蔡素貞女士負責，當時看到大新百貨從日本引進機器打果汁，菓菜汁瞬間蔚為風潮，他想說不如也來賣看看，試了半年後推出大受歡迎。菓菜汁的橘紅色澤來自打底的胡蘿蔔，按比例配搭進香氣濃郁的土芭樂和其他水果，最後兌進酸鮮檸檬汁和台農全脂保久乳。菓菜汁做好後倒入白鐵桶，得急速凍成大塊冰匣避免臭酸，營業時再慢慢解凍販售，百分百純原味，杯裡吃到的碎冰都是源自於果汁本身，口感在濃郁香稠和清揚勁涼間反覆擺盪，對味蕾進行衝擊。財嫂也要70歲了，投注了四十五年光陰在店裡，至今仍活力滿滿在地下室裡製作那配方神祕的菓菜汁。長子這邊女婿姓曾，人稱「大柱仔」，到攤頭時別忘了點杯超級隱藏版的「冬瓜豆奶」，太對味了，堪稱後起之秀。

古早味冷熱飲

064

常美冰店 / 小露吃

傳統冰品・造型聖代・古早味冰棒・義式冰淇淋

冰店在一九四五年出現在旗山小鎮上，點起燈，和戰後的台灣同步跨進未來。頭家嬤彼時剛嫁入夫家，因先生欠債，償還的動力激起了她的生存鬥志，冰店原型是間賣菸酒、涼水、喙食物仔（tshuì-tsiah-mih-á，零嘴）的籤仔店（kám-á-tiàm，雜貨店），時光流轉，爾後隨著電力普及方才開始添購設備製冰。鎮上賣冰最輝煌的時期冰店數量曾直逼30家，眾家以冰劃地爭鳴。

「常美冰店」和在地另一間知名冰城有著親戚關係，當時這層關係啟發了老頭家做冰的靈感，甚至從籌備到初期

營運，也都得到對方同為家人的挺身相助。如今用土搭蓋出的店面已超過百歲，冰店名字即以頭家嬤郭李常美女士的名字來取，那像極了隱喻，預言著裡裡外外攜手，日後悠悠走過的歲月風景如同冰品那般被凝滯凍結後，依舊，如常，靜美。最初單純以香蕉清冰選搭不同配料攬客，這種刨完後軟綿細滑又帶著鮮明香料氣味的冰品，日治時期以降就在台灣市井間廣受歡迎，後來店內又慢慢開發出義式冰淇淋的品項。第三代接棒者郭人豪分享道，經營策略上，二〇〇九年與好鄰居基金會的交集是分水嶺，彼時父親準備退休，剛好趕上改造風潮，

夕暮時分，順著傾斜的柔和
光線坐上店裡開窗的搖滾區
吃冰，記憶小鎮時光。

他順勢接棒，兩年後，常美孃搬去和姑姑同住，全權放手，百年土厝裡的老
冰店也隨之由他蛻變出新貌。

　　郭人豪說，做冰有趣之處，就在於沒有人會討厭吃冰這件事。台灣諺語「第
一賣冰、第二做醫生」聽起來風光，實則背後深究製冰時光可是又寂寞又冗長，
成就感來自於結交到的四方朋友真誠的反饋。常美孃在地人後來都會親暱稱呼
她一聲「魔法阿孃」，因為她什麼都變得出來，這個「變」字濃縮的是店內長
年自我探索的歷程，人氣首選的「招牌冰」，以香蕉清冰打底，疊上紅豆泥和
芋頭，再塞進ㄉㄨㄞ彈的黑糖凍和百香果凍，最後拿幾球義式冰淇淋配色點綴，
這款視覺繽紛活潑口感台西混融的冰品，彷彿也像是不斷在時代中前進的冰店
縮影；而愛吃枝仔冰的人，傳統冰棒有 16 種口味任君挑選。如今混融著老派與
時髦的空間，同時也成了能為時代勇敢發聲的載體，用冰品融化世代隔閡，在
甜與蜜中尋求對話的可能性。店務上手後，郭人豪也沒閒著，開始做起自己的
夢，創辦了另一個冰品牌「小露吃」，他的父親郭國格曾和小露吃主廚李東祐
連袂遠赴義大利波隆那進修研習精進配方，回來後兩個品牌想走的路線也做出
了鮮明區隔，常美的 gelato 著眼於和傳統冰品互搭，小露吃則是頻繁拜訪小農，
試圖用各種企劃串連島嶼風土，透過製冰釋放出強大的創作能量。小露吃在二
〇二〇年實體店面結束營業後轉型為工作室，如今以更靈活的樣貌，在特定店
家寄售、市集出攤，也能看到它們在辦桌與團購等通路偷偷現身。

杏福巷子

古早味杏仁茶・杏仁豆腐・麵茶冰・科學麵剉冰

是杏，也是幸，
從義大利彩紙屑糖豆得到靈感，雙福的隱喻

　　熟客從漢神百貨旁靜謐小巷安靜點燈就開始追隨，至今已飄香二十個年頭，因為主推杏仁類茶點冰品，店便以杏為名。取作「杏福巷子」是老闆娘王清詠從義大利傳統婚禮得到的靈感，當地在婚禮結束時，賓客們都會拿到五顆Confetti Candy—如花彩紙屑般繽紛的杏仁糖豆，那代表著新人給予的祝福，杏仁微苦，糖漿膩甜，也在當地象徵了婚姻是苦甜參半，越嚼將越有滋味，也祝願著苦盡甘來。是杏，也是幸，成了店裡渴望為客人準備好雙福的隱喻。

　　原址在租約到期後，遷徙的緣分源

自老闆陳國明因為帶著女兒來左營舉行抓周，也順道參與了萬年季，從而愛上這舊城區裡古典的生活氣氛，加上剛好遇到廖家古厝修繕完畢，屋主準備出租活化空間，當老派遇上老派，對的頻率讓細節很快就對接，整家店也很快跟著跨區搬移。廖家古厝在一九一一年竣工，戰後古厝兩側分別蓋了透天店面出租，左伸手是廖家自營的「大光榮理髮廳」，右伸手則出租給「李源棧醫院」，也就是杏福巷子現址。從醫院變身食堂，當裡頭忙碌備料時，外頭禾埕擺著小桌小椅，是老歌不斷，不定期還有露天電影院，會用放送頭（hòng-sàng-thâu，擴音器）廣播請客人進屋拿冰，

國明和清詠熱衷參與和推廣左營舊城許多活動，常用各種巧思把大家和過往今昔串在一起。

邊吃，邊在爬滿杏仁香的老宅裡繼續聽清詠跟你說舊城故事。

　　做杏仁茶的初衷，是國明大哥總是憶起每每返回鹿港老家時，阿嬤那不辭辛勞地燒柴升火的背影，總想用大灶滾杏仁茶給他補補身，那甜香滋味樸質卻滿溢溫情，讓他也想在高雄拓展出去。有別於平時吃到的水滴形堅果杏仁是扁桃樹的果仁（almond），台灣坊間製作杏仁茶或甜點，用的多是南北杏，屬於杏樹果仁（apricot），南杏性溫微甜，北性香氣較濃卻帶苦，煮茶時有的店家會南北杏按比例混用，有的則純用南杏，杏福是後者。原豆買來須泡水 2 到 3 天讓豆子軟化，水咬住了果香氣才能釋放，接著得進到可控溫的研磨機攪煮 4 小時，過濾前先用人工手動拌攪，確認沒有焦味才起鍋。這裡的杏仁茶分原味、芝麻、花生三種口味可選，另外兌入牛乳和糖，以寒天凝成紮實的杏仁豆腐也頗受歡迎。

　　麵茶製作也不假他人之手，麵粉先用文火炒到金黃，接著將帶豬油香的煉製蔥油下去一同炒到收乾，芝麻和糖最後下，起鍋前撒小把鹽鞏固風味，濃郁的古早滋味在嘴裡都立體起來，輔以自家熬製糖漿、烏鷲牌煉乳、萬丹紅豆泥做成到冰十足清火，也可調製成迷人的麵茶杏仁茶熱喝。科學麵到冰也是元老級冰品，口味看似玩鬧，卻無心插柳大受食客歡迎，細想早年農業社會，為了吃飽又想解熱，確實有農人會拿涼茶或冰品攪飯同食，依此脈絡，這款冰品不僅不足為奇，還能體驗到另一種返璞歸真的童趣。

古早味冷熱飲

鹽埕區

阿寶姨

古早味綜合茶

　　在島嶼各處常常能遇到帶有強烈獨特性的地方型飲食吃喝，有些是順應風土後窮變出的智慧，有些則還會加上老闆的神來一筆，突然天時地利人和了，產品也就誤打誤撞一路被世代傳頌下去，鹽埕的「阿寶姨古早味綜合茶」就是其一。阿寶姨，本名杜續，一開始的本業是裁縫，也幫人布置新娘房，是直到嫁給先生後才移居鹽埕。民國五十一年從現址開始擺攤，最初以販售玻璃瓶裝的紅茶、冬瓜茶、檸檬水和榮泉彈珠汽水為主，也賣水果，早期土地銀行前是整排熱鬧的流動攤販，大家出來討生也相互作伴，那時最怕跑警察，如果來得及大夥也會幫忙掩護，但她

曾經某回整日被連續開出九張紅單，賺再多也不夠賠，於是收攤後阿寶姨索性自己把車推去派出所扣押，在裡頭過一夜，就當度假。

　　到了民國六〇年代，有天她邊賣聽廣播時，偶然聽到醫師在空中分享了梅子、金桔和檸檬對身體的益處後，腦中的小宇宙突然被打開，遂開始拿自己的茶東試西試，茶水裡要的梅子，她跑三鳳中街拿各種鹹梅實驗測試，抓出黃金比例後一舉創造出這杯融合台式茶飲與汽水，獨一無二的綜合茶。阿寶姨如今早已退休，後代們知道她不捨所以陸續接棒，二、三代間也

從賣檸檬水開始，一步步編織出的是伴隨鹽埕繁華起落的「高雄夢」。

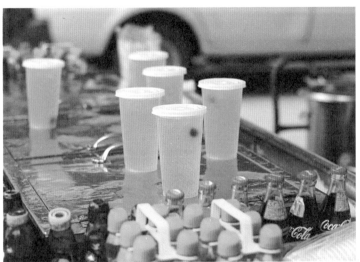

發展出了一縝密順暢的輪班機制，她的兒子鄭振修人稱「阿修伯」，曾在國際知名汽水的高雄廠工作達二十五年，如今顧自家攤頭他都還是習慣穿著以前工作時的制服，彷彿冥冥中他生來就是註定要與汽水為伍。

　　如今看到的白鐵攤車已用了近一甲子，三個填滿茶水的圓桶，旁邊塞滿了冰塊，一桶裝著漂浮滿滿話梅的金桔檸檬，另外兩桶則是自熬冬瓜茶。待客人點完，鄭家人會先在杯子裡倒入金桔檸檬梅子湯，目測約莫是占據杯子三成五到四成的量，接著注入提味用的高雄在地榮泉彈珠汽水，最後才以古早味冬瓜茶填補完杯子裡剩餘空間，原則是就算遇到天災或非金桔和檸檬的盛產期，仍舊會想辦法讓比例固定。沖入各色汁水的過程，色澤會不斷轉化，風味也開始相互撞擊產生化學效應。這是一杯無法被定義的「東方茶汽水」，老派卻也摩登，入喉時很順，但有那麼幾秒，會感覺到一種說不出來的「怪」，但怪中又無比和諧，只能叫你小心點，別太著迷，因為怕你離開高雄後會不停想念。

古早味冷熱飲

小吃即走‧即點即吃

陳記

梅乾菜豬肉 / 怪味 / 紅糖豆沙 / 太妃糖口味 荊州鍋盔餅

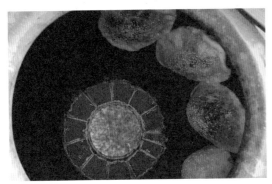

　　中國湖北風味的鍋盔餅這幾年開始在台灣南部現蹤，這都多虧了陳記創始人陳彥瑜的靈機一動。人稱「小瑜」的陳老闆，年輕充滿活力，求學時主攻中餐，打工時即開始在圈子裡兜轉，台菜、辦桌、熱炒等都是他的練功地，樹德家商畢業後因緣際會走闖對岸，到各地考察，意外在湖北邂逅了鍋盔餅，卻也因此結下不解之緣。鍋盔餅的薄脆口感與怪奇填餡組合出的滋味讓人驚奇，他很快嗅出商機，最後想方設法將吃法帶回故鄉高雄。

　　鍋盔餅吃法盛行於中國，在陝西、湖南、湖北、四川都能看到，光是湖北至少有三種不同變形，天門一帶口感近似鹹燒餅，偏厚像烤過的緊實麵包，孝威近四川，吃法混進了川味麻辣，卻又不像四川當地餅會先炸再烤，而陳記帶回的荊州版本是純烤餅，薄脆香酥、填餡口味變化度高，風味細緻。據陳老闆考察，鍋盔餅演變至今，有此稱號可能原因有二，一是非精緻澱粉所以烤餅的粗曠口感像極盔甲，另一說法是以前士兵出征時會把擀好的麵皮黏在鐵製頭盔上烤，說法皆逗趣可愛。荊州當地做法，特製烤爐內層是用窯土燒出的陶缸，會以蜂窩煤球或無煙炭來燒餅。陳老闆尋得當地一私家老師傅，整整耗時超過兩年師傅才點頭傳授完整技法，帶回高雄開業後，改用紅外線電烤器取代窯爐，少了明火，製程該如何調整費了不少工夫，搭配特製火鉗、手電筒和長叉，務求烤出餅的原汁原味。

　　麵團也做了微調，除了小麥麵粉、水、糖，另加入鳳梨和香蕉果泥的酵液，麵團隨著時間轉化出更多水果香氣，最後低溫發酵約 8 小時後，靠手揉揉出

小點・即走即吃

餡料的選擇首重風味突出，
但不能讓餅烤不乾是原則，
那是喧賓奪主。

想要的軟硬度，整形好，還要再做二次短發酵才完成。騰進餡料後，先將麵團擀平，接著用手飛甩出薄而不破的橢圓狀，然後得快速貼進電烤器約 400 度高溫的燒燙內壁，熱烤約 3 分鐘完成，要一氣呵成，像在搶時間破關。

　　湖北當地發展出的各色豬肉口味店裡都有，梅乾菜豬肉鍋盔特別優秀。梅乾菜不是台灣常見的漬醃類型，而是直接從浙江進口、先用老滷滷過再曬出醬香氣，菜葉帶迷人油脂感，結合到餅中，當地是以豬肉加進白糖，陳老闆改以香氣更飽和的紅糖取代，還會再加些芝麻花生碎增添風味。能吃辣者，記得請老闆刷抹特製辣醬上去，醬底以 3 種辣椒搭紅油辣子，結合 32 種中藥材，中段用台灣高粱去嗆，最後煉出的辣油帶尾韻，讓餅更加分。喜歡吃甜，不要錯過紅糖豆沙口味，紅豆餡裡加了少許奶粉，吃起來有紅豆牛奶的錯覺，很受年輕人歡迎，還有帶香草奶油味的太妃糖鍋盔，太妃糖裡加進了少許麥芽糖提出甘味，因此甜味不僅拉出層次，起酥後的內餡吃起來很像綿密奶酥。填餡口味有傳統有創新，口味看似很跳，但進了餅裡頭，又巧妙揉合東西，陳老闆玩味的功夫著實一流。

068

老牌

白糖粿

　　「老牌白糖粿」位處的南高雄苓雅自強商圈，概念上來說，從早到晚吸納進來的是從白天苓雅第一公有零售市場到自強夜市的商販動能，如果真要追溯歷史，市場雛型是源自於日治時期苓雅寮（Lîng-ngá-liâu，高雄舊聚落）的安瀾宮（舊名「媽祖宮」）原址聚集的零星攤頭，物換星移，落地生根，如今強強滾的商圈人氣，來自本地人和外地客共同撐持。每天下午，固定在苓雅二路和自強三路路口，一蓋著帆布、綠底招牌上印著「老牌白糖粿」幾個白色鮮明大字的攤車就會神祕出現，由陳家人開始準備攬客，生意至今已傳承三代，默默跟著市場也走過了快一甲子時光。

　　彼時老頭家嬤是從一張四腳折疊桌開始營生的，想著賣點特別小點心來賺點所費（sóo-huì，費用）好貼補家用，因此她還專程跑到台南找一老師傅學炸白糖粿，學費是一個紅包。回來後拿簡易爐檯拼湊，整鼎炸鍋放上去，注滿油，沒想太多就開始做起了炸物生意，還兼賣愛玉冰。媳婦周秀月女士，人稱「小月姐」，嫁過來夫家前壓根沒想過最後會誤打誤撞從婆婆手中接棒，契機全來自當時某次去排了紫微斗數，算命仙說她的命格在事業宮帶祿權雙星，會財利雙收，天生就是做生意的料，被說服後遂決定轉念一試，加上先生工作之餘的輔助，沒想到這一炸，還真的是被她越炸越旺。

南部人口中的白糖粿，到了中部常被叫「糯米炸」，老牌會依據不同季節選定不同地區的米源，長糯短糯都有，但一定是水分走掉的舊米，米的品質是好是壞得過兩關，首先他們會先用舌頭去試磨好的生米粉，看香氣是否足夠濃郁，接著下鍋試炸測 Q 度，絕不混米或摻粉。正式製作前，米洗好得浸上 2 到 4 個小時，接著磨漿、瀝水、已成塊狀的米糰還得再經過一道能讓口感提升的祕密工序，前置作業會全部在家搞定，弄成一包包如麻糬般的糰子再出攤，每包約抓 5 公斤重，純手工做極為耗時耗力，因此小月姐自嘲這樣的堅持真是「蠢」手工。

早期頭家嬤是將糰子現場捲成類似麻花狀後下鍋油炸，過程中要用長筷在前後各戳一個洞，好讓熱氣溢散，也避免油爆，經小月姐改良，如今工序改成先用手捏揉成球狀後，再壓扁拉長滑入油鍋熱炸，炸到一半得拉起釘在鍋緣，用兩個夾子快速施力平壓，把半熟糯米糰輕微壓裂，讓內層露出後再下鍋二炸，過程大約 5 到 6 分鐘，這樣子的白糖粿在起鍋後，外皮的酥脆度會更勝以往，內餡則是依然軟糯甜香。蘸上花生糖粉或芝麻糖粉後，現場嗑掉，銷魂無比。白糖粿最怕吃到冷掉後坍塌變硬又滿嘴都是油耗味，但在這裡，幾乎不大可能遇到這情況，因為常一炸好就被火

速包走，每天剛開賣時，第三代小老闆還會推出另一個移動式炸鍋，炸地瓜和蘿蔔糕，等既定配額炸完他就會推著車消失在小巷中，想同時品嘗到三寶者，要趁早。

現炸起來還熱酥著的白糖粿，活像是一道道帶財的小金牌。

○069

春蘭

割包・八寶冬粉

「春蘭割包」的劉明嬌老闆娘，老家在台南關子嶺，早年遠嫁台北，一路兜轉最後南漂港都至今。

彼時商場失意茫然之餘，手裡握著「咖啡簡餐」和「割包」兩張再起的牌，她說站在人生十字路口正期望有人能指點迷津時，遇見了一位道行高深的師父，但只告訴她命格裡天生註定是做生意的料。定神後，她遂決定放下身段向老友求教製作割包的訣竅，先順利還清了負債，再以「春蘭」為名開了這間小店，神奇的是當時她選定的舊址，門口就種了一棵兩層樓高的菩提樹，因為她相信

這是冥冥中的庇蔭，自此店內賣出去的產品，她都堅守著信念，必定不能忘記初衷。

老麵製作的手工麵皮，彈性好，帶麵香，蒸籠預熱後拿出時會以白棉巾仔細覆蓋，待客人點餐前都不會沾到落塵。豬肉和煮湯的內臟都是溫體，吃法上可選偏肥的焢肉或偏瘦的赤肉片，也可以綜合，即肥瘦各半，檯子下整天都用電磁爐保持著滷鍋熱度，後來體貼吃素的客人也在菜板上加了素火腿的選項。焢肉的消耗速度極快，因此牆邊隨時都有一鍋鍋備著等待上場的香腴滷肉。酸菜

割包用料出色，連爌肉的豬油聽老闆娘說都開放單買，限量，造成許多人虎視眈眈。

也都自己炒，花生粉分成有糖和無糖，還會另外添加香菜提味。點好割包的口味後，他們會俐落攤開麵皮平鋪掌心，接著細細騰料堆疊，流程看似不慍不火，卻維持著平穩節奏，神來之筆是最後抹在雪白麵皮上看似暈開來的紅豔辣醬，把整體的甜、酸、鹹、鮮都完美串聯在舌尖。

　　這兒的四神湯其實納了五神，蓮子、薏仁、芡實、茯苓、淮山，並以豬肚取代豬腸，再加入自家泡製的當歸藥酒，豬肚嚼著爽脆，湯韻喝來濃醇，存在感和分量不小的割包足以分庭抗禮，喝上一碗順勢也解了喉頭殘存的油膩。冬天時也能搭個限量製作的八寶湯，有冬菇、魷魚、脆筍、珠貝、金針、木耳……加個冬粉吸納所有食材的鮮美，吃完暖心暖胃。不愛湯品者，各色古早味冷飲甜品也是琳瑯滿目，用有機黃豆研磨小火慢煮的豆漿、決明子紅茶、海珊瑚、仙楂茶、超限量的紅棗枸杞桃膠白木耳等，也都等著見客。

　　　　　　　　　　　　　　　　　　　　　　　　　　　　小點・即走即吃

070

大社嘉義

黑香腸・皇帝豆糯米腸

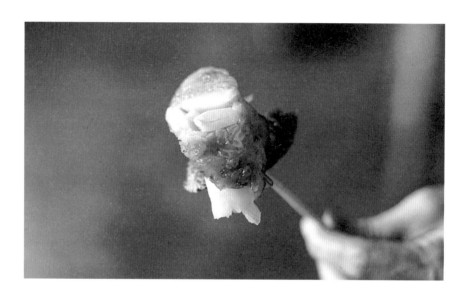

　　隱身在大社市區的「大社嘉義黑香腸」，是在地一人氣火爆食肉攤，民國八十四年點燈至今，下午 2 點鐵皮屋前即開始轟轟鬧鬧起來，滿掛生腸猶如流瀉瀑布的紅豔攤頭蓄勢待發，連動的是周邊道路的車水與馬龍。六十二年次的老闆施一龍本是大樹人，兒時家中賣麵背景養成他對做餐飲的濃厚興趣，但本性自由的他，初初並未接下家業，闖蕩歷練一圈，爾後才輾轉透過朋友介紹，接觸到了這個遠從嘉義被帶下來的烤香腸吃法，思量過後，決心以此開創自身事業，並甘願就此被兩大鎮店明星黑香腸和皇帝豆糯米腸給緊緊束縛。

　　會取名「黑香腸」，是因為裡頭不添加亞硝酸鹽和黏著劑等可讓肉色變豔的添加劑，因此色澤較深，早上 10 點溫體豬到店，他只要全瘦豬後腿，肉筋已被細細挑除，生肉塊寬度都控制在 5 到 7 公分，會先用自家機器細絞一次。醃漬時在絞肉裡調進的五香是施老闆花費數月自行實驗調配出的私房版本，再找老字號中藥房按比例研磨成粉備用，混合肉餡後須靜置一晚入味，再把三層帶肥的白油人工切丁拌進絞肉中，肥瘦比抓四六，用豬網紗灌製的生肉腸，都當日現灌現烤，香腸切片後，被擠壓的肥瘦肉塊都美美鑲嵌在斷面上，口感和香氣

前檯烤架火爆熱烈，端到後場座位氣氛反而變得寧靜祥和，這反差的空間感，逗趣又可愛。

極佳，若以攤頭風火程度判斷，擔心剩料會留到隔日再賣根本是天方夜譚。

　　乍看平凡的糯米腸也處處暗藏玄機，首先長糯米必定要是一年以上舊米，更香更 Q，浸泡一夜後，隔日先下自家炒製的肉燥和油蔥酥去拌生米，再用手灌進豬網紗油，水煮前會同時加進神來一筆的生皇帝豆。皇帝豆盛產期約莫落在年底到隔年清明，施家此時會將整年分量先備起來急速冷凍。施老闆笑說，會用皇帝豆的契機只是單純他不愛花生口感，某日靈感乍現，想著皇帝豆熟化後，豆餡的鬆軟綿密堪比花生，且多了份特殊豆香，沒想到皇帝豆糯米腸自推出即一炮而紅，過程中他也曾嘗試用米豆，但效果不佳。糯米飯裡氳氳著米香豆香酥香，肉油又伺機嘴裡流竄，單吃就銷魂無比。

　　都採炭火直烤，因此生火整炭中午就得開始醞釀，2 點一到，攤頭雙面檯隨即火力全開，施老闆和員工快手翻動網架上噴香的腸腸們，許多判斷都在一瞬之間。香腸燒烤過程會逐漸膨脹，外頭心急者會以戳破腸衣來判斷，但好吃關鍵就在於耐住性子不要戳，讓飽滿油脂回頭去帶動香料揉合進肉塊中，施老闆說火候拿捏才是得花時間鑽研的心法，烤到外皮略帶焦脆，裡頭卻汁豐味鮮才是完美境界；可做切盤也可夾成「台式熱狗堡」，配小黃瓜和薑片，再來點蒜頭。細心熬煮的整鍋菜頭大骨湯雖是附贈但絲毫不馬虎，大約 3 點半，湯頭滋味會最濃郁，懂得此時出現搶撈大骨豪邁啃食配餐者多有備而來，都是攤頭死忠跟隨者。

小點・即走即吃

三民區

三輪車

台式蔥肉餅

大昌二路上，低調飄香的「三輪車蔥肉餅」，始終是在地人嘴饞時的心頭好，當營業時間一逼近，簇簇人頭大軍蠢蠢欲動，開始從四方游移過來報到。改裝的三輪攤車係莊家人所有，當年向人請教賣餅訣竅後一賣就是二十餘年，小攤車招財，第二代接棒至今又順順過了十來個年頭，歷經風霜的攤車因為有香氣抹粉，始終素樸耐看，並持續拉著整家人向前。當防水帆布漫天一罩，燈管點亮，桶裝瓦斯牢固圈繞，下方是幾籃已洗好等待上場的雞蛋小山，菜料整備就緒，人手各就各位後，即刻開爐上工。

其實他們從家裡就得忙活，早上7點開始揉捻的麵團，裡頭混合的不同筋度的麵粉，是從上一代就不停精進調整，最終試出來的最佳比例，老闆娘分享，因為男女手勁有別，揉出的效果也會有所差異，但都必須符合「剛煎好時酥脆、冷卻後會轉為Q彈」的標準才出得了家門。台式蔥肉餅，並非福州流傳數百年的蔥肉餅，也和其他蔥類餅點吃法不同，蔥油餅在熱煎後不追求分層，要的是蔥汁與麵香在油潤裡的交集，蔥抓餅則會用雙鏟不規則推擠麵餅「抓」出層次，偏向更乾爽帶點酥香的口感，蔥肉餅要的則是半煎半炸後，餅皮和肉餡、菜料、

下午4點多是大軍抵達高峰，本來該提醒能避就避，但太不實際，就排吧，趁熱！

＊附註：照片係在舊址拍攝

蛋液借助油脂轉化融合後的香腴，和表層經熱炸後瞬逝的爽脆。

攤車上小絞肉盆、蔥花袋、一球球生麵團並肩安靜躺在盤中，取豬隻的下肩胛部位來絞，肥瘦這裡抓三七上下，他們會請肉商攪到近乎抹醬的質地，但裡頭還是帶點小肉丁，取回後先用6種中藥粉和醬料調味，炸餅用的是會經過二次濾油的油品，因此油很清澈，絕不讓油隔夜。洗蛋也有學問，雞場出來要求隔天就要收到，蛋的尺寸要一致，還得用菜瓜布細細刷洗，鄰居看到都覺得他們瘋了。九層塔則從去梗、修剪、舖平、晾乾也絲毫不馬虎，餅裡頭選用蔥花和高麗菜絲點綴，是因為颱風季小白菜易爛且價格常浮動，因此最後改成價格相對穩定又鮮甜、出水量也較好控制的高麗菜。

現場抓起麵團後會先刮抹兩大匙肉進去，再沾吻大量蔥花捏壓塑形，桌上成群的小白麵球都在等待著煎炸後發光發熱。平底鐵鑊因為中心較熱，鍋內放滿生餅後得定時轉動，讓每塊餅的受面都能被平均加熱，鍋裡一次可以同時擠進8張脆餅，那明亮飽滿的油煎畫面很療癒人。攤車位置略為傾斜，因此熱油會往老闆娘這邊靠，只見她雙手俐落地拿夾拿鏟來回翻轉餅面，操控生熟的手感簡直行雲流水，直到圓餅逐漸煎出金錢色澤，表層呈現不規則窟窿後，會先瀝油備用，待客人點畢，下雞蛋，疊九層塔和高麗菜絲，讓濃稠黃液瞬間沾黏高麗菜絲，九層塔香氣則畫龍點睛。起鍋，殘油再次瀝乾即火速見客，蔥肉餅的好就在熱力四射的那刻，酥、脆、香、濃同步到位，一刻都不容許等。

小點・即走即吃

吃下肚的更多是信賴

始終回應人性本善的客庄奇巧熟食攤，

美濃聖君宮旁 阿信伯

關東煮

隱身在美濃聖君宮旁賣了四十多年的「阿信伯關東煮」，每天下午約莫會在 3 點半到 4 點間開張。阿信伯會倏地先從某條神祕小巷裡冒出，手裡拎著幾個被塞滿的茄芷袋，接著緩緩拉開鐵門開始安靜備料。阿信伯本姓鍾，也上了年紀的空間，是早年他和母親一同撐持出的雜貨店，如今斷捨後，只專注在門口賣關東煮。只見他不停往返，定眼一瞧，袋子裡取回的原來是一個個熱燙的湯鍋，預煮好的關東煮鍋裡浮沉，現場他續點文火為菜料保溫，當取出交疊小椅隨意鋪排廟埕時，人頭開始一個個探出，他邊忙邊和熟客用客語話家常。

阿信伯說，早期他先跑夜市擺攤，同時也會幫家人整理農活，或許是因為什麼工他都碰過，如今他臉龐皺褶中夾滿的開朗笑意裡有種對人生的釋然。乳白色濃郁湯頭他用排骨和菜頭慢燉而成，開店前置至少 9 小時起跳，待煮材料係當天早上從在地市場拿取，丸子、黑輪、米血、甜不辣、紅白菜頭……佛心售價總讓新客人吃驚，但細節可是一點也不馬虎。煮製講究次序，中午 12 點要先下排骨去熬湯，濾渣後以白菜頭提出湯底鮮甜，續下米血糕，過了下午 2 點半，再將預先炸過的黑輪和甜不辣下去，販售過程熱湯會視情況不斷添加切好的韭

別沉醉在滿鍋的菜料中了，當留給你我的小椅子擠不下去，可到台階上找位置吃喝，每個人的嘴裡都是戲。

菜末和油蔥酥，以前阿信伯說一天能賣上十幾斤，但現在他只追求生活平靜安穩，限量只為有緣人。

　　牆壁上小桶子裡有細竹籤，用小碗裝滿菜料和熱湯後，大約前後來回走動個三趟補給，吃飽喝足是一個 50 元銅板就能解決的事，學生放學愛來，阿伯騎車來幫金孫準備點心，阿信伯說以前還曾有載著整卡車的阿兵哥順路經過停下來吃，不管是熟門熟路或陌生拜訪，大夥共享著美濃另類台式下午茶時光。第二輪加料時，許多人是將竹籤小心翼翼插在碗緣，然後低頭拿起湯杓，撥開湯面如浮萍般蓋滿的韭菜認真選料，哪種料沒了，和阿信伯說一聲，他就會迅速打開備用湯鍋俐落補充，盡量維持湯鍋裡每種食材的比例平衡。醬料分成辣椒醬、醬油膏和古早味番茄醬，用的全是來自屏東的阿喜古早味系列，古早味速食香菇肉點心脆麵在奶粉罐裡疊得像小山高，內行人最後一輪，一定是自己去開包脆麵騰進碗裡，熱湯倒下去後一口咕嚕吸吞，當成是完美收尾，充滿著儀式感。

　　趁熱先吃，錢等會再算，阿信伯在桌子上準備了一小筆記本，但完全憑賴對客人的信任，結帳是你講多少他就記多少。當大夥兒聚攏在這時，纏繞身心的是悠然的在地氣氛，關東煮的滋味或許沒有驚天動地，但就是會讓你一續再續，當鐵皮屋的綠鐵門一拉下，阿信伯又再度消失於巷弄裡時，一旁乘涼的繼續乘涼，進香的進香，好似剛剛一切都不曾發生過。

073

三 民 區

三民街 無店名

古早味烤海綿蛋糕

　　走進熙來攘往的三民街市場這段，下午1點前都還是在和攤商過招的簇簇人頭，直到市場收整完畢，並未安靜下來的街巷，另一批做吃的老闆正摩拳擦掌，前置準備著，等待饕客傍晚後陸續抵達，其中不乏剛好跨越了早市和晚市間那道界線的店家們，位在街區中段的這攤無店名古早味烤海綿蛋糕即是其一。烤蛋糕約莫11點會開始露臉見客，連著旁邊的愛玉攤都由一對老夫妻操持，他們自年輕時從大港埔郵政總局後邊開始奮鬥，輾轉來到這，一晃眼已超過七十年。

　　色澤金黃討喜、現出爐近聞香氣濃郁的烤海綿蛋糕，真是每天一出爐就擷取眾人眼光，猶記兒時如果跟著大人去一趟酬神的流水席，多半也會看見這小巧東西現蹤，這類型古早味蛋糕很「天真單純」，常常只用雞蛋（全蛋）、糖和低筋麵粉來組合，不加牛奶，沒有多餘油脂，也不見泡打粉，完全就是在與食客味蕾做直球對決，吃起來很像雞蛋糕，又貌似帶點鬆餅的影子，口感很實，但紮實度不若磅蛋糕卻又遠勝戚風的空氣感，已超過80歲的老頭家仍日日坐鎮打理製作，蛋糕微甜，富蛋香氣，還有一抹淡淡鹹味畫龍點睛。每天運抵的新

往裡頭看時，會看到店門前高掛的蜜豆冰招牌，那是以前在舊址的熱門品項，現在做不動了。

鮮雞蛋老頭家會先耐性打到發泡，爾後紅糖下去，連同麵粉先用機器攪（kiáu，混和）成麵糊，再用洗乾淨的手攪均勻，接著倒粉糊前他會先不疾不徐地在已經用了五十年的模具內輕輕刷上奶油，他說手中這 20 個已是留存的最後一批，每批進古董級烤箱烘烤約 20 分鐘即大功告成。

　　當紮實糕體現烤好被捧著，掌心都能穩穩感受到那穿透的熱氣，這種古早味蛋糕也看不到潮流型雞蛋糕出現的脆皮，對比現在市售古早味蛋糕花招百出的填餡，如肉鬆芋泥或鹹甜流沙等，吃來吃去還是覺得，這種常在傳統市場才找得到的素樸版本最可愛迷人。買菜的婆婆媽媽們眼色俐落，提菜籃飄過攤頭時眼見還空空如也，湊前獲知下一輪出爐時間後，隨即好整以暇地先往他處進攻，回頭再買來犒賞自己或帶回家給金孫解解饞，現場吃最好，入口時請務必小心，因為，燒呦！老頭家年事已高，隨時都可能退休，想吃，要趁早。

　　　　　　　　　　　　　　　　　　　小點・即走即吃

(074)

香四海

現炸包蛋旗魚黑輪・魷魚／牛蒡天婦羅・
蝦卷・鱈魚起司卷

民國八十六年，由林家人開始點燈營生的「香四海」，賣的正是高雄人最愛的特色點心之一，旗魚黑輪。起初由老闆娘率先投入，路邊攤起家，東炸西炸雖然沒有框架，但仍拉出各色海鮮炸物作為主軸，闖出名號後，每到下班和放學時刻，總有聞香而來的簇簇人頭脖子伸啊伸的伸進市場裡，盯著攤頭速速點餐後垂涎等吃，會取這個店名，也是想期許自己，能努力把香味傳遍五湖四海，待生意穩定下來後，林老闆也毅然決然把原先工作放掉，夫妻齊心投入，以香傳家。

開業前半年林家是先直接從朋友那拿取現成漿料來賣，但一來須時時擔心貨源穩定性，也無法做出自家口味的獨特性，因此很快就決定要逐步嘗試自製漿料。一開始即主推旗魚黑輪包蛋當作鎮店招牌，也供應蝦卷，其餘品項是後來隨著客人回饋需求後才逐步擴充。戶外小攤頭有段時間炸得風生水起，後期因為遭遇土地被重新規劃，遂移入前金第一公有市場內另起爐灶，油炸大鍋在暗處嗶嗶啵啵作響，從前狂放的香氣是往天空自由地奔，如今抬頭，架上了屋頂，香氣依舊野，改順著攤位在市場內流竄，不怕找不到，因為香氣會指引你前來。

前金市場周邊小吃可謂臥虎藏龍，而且一個比一個低調。

　　招牌旗魚黑輪，現點、現包、現炸，內餡可選水煮包蛋或是爆漿起司，清漿長期委請一間專賣生魚片的老舖每天幫忙把新鮮旗魚打漿，送過來後他們再自行加入菜料如洋蔥、豆薯、紅蘿蔔丁等來調配，這裡的粉漿比例是黑輪魚漿遠多過於粉，因此入口時海味鮮明帶勁。也因為店租壓力小，他們直接將好食材以物美價廉的金額回饋給消費者，旗魚黑輪巨大的程度常被客人笑稱是「棒棒腿」，現炸現吃，那在嘴裡彈跳的口感太過癮。圓片狀的天婦羅則是黑輪的變形，不管是裡頭加進魷魚丁肉或是稍微漬過的刨牛蒡絲都好好吃，手工卷類則會裹上豆皮沾粉去油炸，蝦卷裡頭包的是數隻完整草蝦，花枝卷和鱈魚起司卷則會另外打漿，肉卷系列如牛肉卷、洋蔥瘦肉卷等則是後期慢慢衍生出的人氣產品……每逢中秋，這裡就會湧進大筆烤肉衍生出的訂單。

　　中午過後，早市逐步安靜下來，裡頭只剩香四海點起小燈。暖黃光暈裡，來回招呼客人也得同時精準把粉漿抹貼順型後下到熱油鍋裡，喧騰了一陣，再抓緊見客時間，父子兩代連手流暢而俐落的身影是血緣裡不必培養生來就命定的默契，熟客就是對這默契放心，於是等待時各自揀選角落放空發呆。初來乍到者反而最常被空空如也的料盤嚇到，因為炸物根本還來不及放就被選走；小攤低調不刻意彰顯過往，但食物自會找到地方嶄露光芒。

○075

涂記

胡椒餅

民國八十九年，正好在跨過千禧年後正式開始點燈的「涂記胡椒餅」，最初是在自強二路上以半店面的形式營生，賣老派早點，但他們逐漸發現前金這帶的老社區群，雖然人口密集，早期也聚集著許多公家機關，但當公務人員週末放假，生意瞬間清閒下來時，來客數就會像俯衝的雲霄飛車直墜。想想不是辦法，幾年後，正好涂老闆太太的三哥在台北賣胡椒餅，於是他決定北上請益，期待自己也能讓港都爐室生香，漸漸地，新建立的客群將黏了餅香的口碑帶著拓散出街巷，加上當年自從吸引了舊市議會的總務房來大量訂購當員工午茶後，

涂家的好手藝也開始被媒體青睞，報導出去後生意越發暢旺，公司行號的電話訂購始終源源不絕。

二○一○年涂記搬到現址，如今除了夫婦倆從早六到晚六的辛勤忙活，還需要外請人手分上下午輪班。台北回來後初期仍採傳統貼爐式的工法來燒餅，後來考量環保問題改成電烤箱，但滋味依舊讓人醉心，9點前賣早餐，9點後全員調整心緒，專注投入製餅戰場。麵皮、酥皮、油皮、內餡、蔥花都是已穩穩備妥的豐沛糧草，前方人員快手捏啊包的，後方小廚房裡，一雙層二單層的烤爐不

看著切工整齊，飽滿誘人的斷面，嘴巴早已經張著預備備。

斷全力運轉支援，一切只待美味在食客嘴裡全然爆發的那刻。

　　採取類似傳統燒餅的製法，選用中筋麵粉但筋性會調整得再略高一些，麵團先壓成長型、上油酥，捲裹後分切成塊狀，每塊重量都約莫落在 160 到 180 公克之間，烤箱上下火設定好，但因為每批生團的狀態都不同，需人工盯場以經驗判斷，因此出爐時間可能存有分毫之差，目的都是要外皮最後的 Q 和酥。肉餡部分用的是紮實的溫體豬後腿塊肉，影響口感的筋膜已被剔除乾淨，用辛香和黑胡椒調味拌勻後，肉餡需事先冷凍靜置一晚滲透入味，隔天要包的時候，室溫下稍微退冰即可，讓油脂停留在微凍狀態，一來好包，二來入口時才不會覺得水水溼溼的。麵團吻蔥花時也十足霸氣，就像在內側黏了一面綠牆，目的除了甜美蔥汁提香解膩，也是要預防肉餡去直接沾黏麵團，因此最怕颱風來，即便蔥價大漲也還是要咬牙包滿。

　　如果下午過去，以前用的老貼爐上常常是排滿已被訂走的胡椒餅，受到國賓飯店大廚建議，這裡現在也推出更適口的小胡椒餅，現出爐燙著嘴吃最過癮，1 小時內都是最佳賞味期，如果拿回家，可放微波爐 3 分鐘，或用烤箱或不加水電鍋微烘後也都好吃。可搭配涂記用高牧全脂牛乳和自煮紅茶調出的紅茶牛奶，或是他們用隔水加熱法燜出來的豆漿。鹹吃還有香蔥餅和脆燒餅可選，甜燒餅內的醇香糖漿則是用顆粒紅糖加太白粉後直接包進麵團一起烘烤，更稠更香。近年涂老闆已開始動了想退休的念頭，要吃要快了呐！

076

莊嫂

蚵嗲‧古早台式炸物總匯（含炸年糕與特色炸蔬菜）

　　隱身在正忠市場建興路 22 巷巷內已飄香快三十年的「莊嫂蚵嗲」，攤頭給的是琳瑯滿目的古早風情炸物總匯。這裡是高雄典型人口密度高、早期移民網絡複雜，社區機能如熟果早已發展完備的區域之一，因此四處都藏著老手藝。上了年紀的莊嫂跟著先生，在市場裡有了打拚後的透天厝，一早開門，他們熟門熟路鑽進沸騰早市中，穿梭備料顯得從容而靈活，家中的攤車機動性也強，不論是要在家門前自在點燈營生，或者身體狀況允許時，兩人攜手，一人一檯推到巷口顯眼之處攬客，都行！

　　早上 10 點半，推車上的食材會陸續出場，最後堆疊成優美的炸物小山，以炸蔬菜總匯為主，南瓜、地瓜、四季豆、茄子、杏鮑菇、菜丸等都是常態性出現，最特別的還有綑成一束束待炸的新鮮韭菜，炸海帶芽可遇不可求，炸茴香則是冬季才會出現的隱藏限定版聖品，莊嫂說大約就供應到天氣轉熱前，一切都「照甲子行」（tsiàu kah-tsí kiânn，順其自然）。招牌蚵嗲要等到產地的蚵仔到貨下午 2 點才能製作開賣，其餘如莊家自製的炸年糕和蘿蔔糕也會陸續就位，當推車一出場，餓鬼們紛紛現身，小山火速被各方利嘴夷平消風，剛起鍋還熱

炸物現場吃最好，在莊嫂這好的是還可能喝到夫婦倆自打當提神飲料的蔬果汁，整個攤子都很有愛。

燙著的炸物，現場吃的爽快度自是無可比擬，莊嫂就負責專注熱炸，不足的，先生會隨時從旁帥氣回補。

　　招牌蚵嗲視覺呈現又飽又滿，肥美鮮猛的生蚵日日從台南布袋產地直送，肥是必須，莊嫂賣的，還會另外添入肥瘦適宜的豬絞肉，以及混合了蔥花和高麗菜絲的菜料，然後用特製器具，按照工序層層堆疊最後抹漿包覆後下鍋急炸。到起鍋約莫需要花費7分鐘，熱油在粉漿四周如千軍萬馬般奔騰，上下，左右，找尋著隙縫欲強力穿透，直到外酥內鮮的炸嗲成形。起鍋後的蚵嗲外皮色澤相較他處更為深沉，卻也更加脆口，一咬，滿嘴盡是蚵與菜肉的鮮腴，不必再淋醬，只需要輕灑些他們向中藥行調配的白胡椒粉就無比涮嘴。也有老客人就是喜歡裡頭全包蚵仔，如果你也好這一味，那就直接向熱情的莊嫂說一聲想客製便是。

　　美味的炸年糕和蘿蔔糕得等夫婦倆有體力製作時才有得買，他們在家用純在來米自行磨漿炊出的甜粿，再浸到特調粉漿裡去油炸後實在太迷人，各色蔬菜原來自各方風土，但經莊嫂裹粉下鍋巧手油炸，蔬菜的鮮甜全被鎖進了麵衣，千滋百味全被收束進同一個炸物宇宙裡，趁熱品嘗到的全是台式天婦羅裡的玩味和童心。莊嫂讓人欣賞的還有態度，雖日日與油煙為伍，但有時會看到她頭頂剛捲好的波浪捲髮，身穿亮麗碎花上衣，自信地做著事，想來炸物不跟著出彩都不行。

　　　　　　　　　　　　　　　　　　　　　小點・即走即吃

圍爐・吃鍋

冬鄉小廚

遼寧鍋 · 酸菜白肉鍋 · 清宮御廚私房菜

自謙小廚，但自家巧妙結合東北私房鍋物與清宮御廚菜

超凡的身手，早已是高雄大家

　　根源於東北遼寧遠鄉，跨海在高雄眷區落地飄香，千禧年前夕從左營翠峰社區出發，如今於美術館區西藏街上生根的「冬鄉小廚」，數十年來後輩可說是將承襲自白家太奶還在家鄉熱坑邊上變出的道地東北菜餚與鍋物，和御廚珍饌結合後，在北高雄做了淋漓盡致的發揮，特別是太奶的家常菜食譜中那鍋繫緊了幾代人感情的招牌酸菜白肉火鍋。老一輩東北人吃這鍋是習慣看著紫銅鍋的長煙囪裡燒煤球，溫情隨炭煙裊裊穿梭席間，爾今冬鄉改用更環保的電磁爐和導熱快耐久煮的日本鑄鐵鍋，吃的人悠蕩在相同煙氣下，同感身心安穩。

　　年輕一輩接棒的白宇皓說，正宗中國東北傳統型式酸菜白肉鍋，除了關鍵酸白菜，被東北人稱「抽刀肉」的白肉得由熟識肉販直接刨切，還會加進川丸子、自製蛋餃和新鮮豬血灌的血腸，如今冬鄉的鍋底酸白菜和老豆腐仍是不可缺的要角，只是稍加轉化。內行人都知道，白菜如果是天然製作，不用酒醋搶快發酵，最後酸味是鮮明卻不過度銳利的，且需要經過高湯滾煮，酸甘氣才會慢慢溢散出來。白家的祖傳老方，只用山東大白菜做，經過重重縝密工序，最後將菜放入缸底「ㄐㄧ」──東北話的「漬」。缸底只灑一把鹽，半顆半顆依序鋪排疊到八分滿，接著壓石頭防止菜之後浮起來變爛或翻缸，續加進用酸菜水製作的老滷汁，老滷得先煉一個月，冬夏有別，菜缸置於陰涼處的天數不一，相同處是要有耐性，壓滿 100 斤最後只會剩下 50 斤精華，但轉化出的酸韻優雅迷人。但白家酸白菜火鍋的湯頭層次不僅於此，白奶奶的私房祕技是，裡頭會再加些醃過的韭菜和香菜襯底，讓風味畫龍點睛。由

　　　　　　　　　　　　　　　　　　　　　　　　圍爐・吃鍋

喝幾口原始的酸白菜老滷水,你會明白何謂「時間的滋味」。

於遼寧靠海,白家傳下來的另一款吃法是在酸菜白肉鍋中額外添入海味,即鍋底除了酸白菜外,還會加入紫菜、蝦米和干貝等,最後放隻蟳蟹,如今在店內稱作「遼寧鍋」,當鍋裡豪爽疊上整隻蟹膏或蟹黃飽滿的活沙公或沙母時,原本秀雅的酸菜白肉鍋霎時也跟著奔放了起來,想吃得先預訂。

不只豬肉,各色優質肉類與海鮮也都很襯湯頭,蝦蟹魚貝的甜,肉品裡的油潤,都與酸白菜結合得天衣無縫,這裡厲害的川丸子、以花枝漿和海蝦仁做出的龍鳳丸等也是必點,在這整鍋想吃得熱鬧非凡很容易。順序上建議先喝口原湯,接著涮些菜肉直接入口,最後才去蘸冬鄉的正統三色醬料。黃綠紅三色分別是屏東崁頂百年老店製作的白芝麻醬、韭菜花醬以及眷村裡的紅糟豆腐乳,乍看都是極重的調味,混合後卻絲毫不搶,食材風味更顯出色,改版升級後設計出的前菜與甜點都以酸白菜來串,也讓整套鍋物品嘗起來變得更典雅全面。

此外,由於白老闆兒時玩伴的外公從前是清宮御廚,因此冬鄉菜單上發展出了另一條御廚私房菜系列,提供每日限量製作的冰糖醬鴨、捆蹄、醬牛腱、紅露醉雞等,道道精彩。冬鄉曾奪下「高雄鍋王」殊榮,如今在白宇皓帶領下,持續在熱帶南國用職人精神精雕著東北雪鄉裡的家滋味,就要你不只吃得身暖,吃完連心都會回頭掛念。

078

美濃山頂上土雞城

白玉老蘿蔔乾慢燉雞湯鍋・客家菜脯蛋・各色家常／山野料理・煎青蛙丸

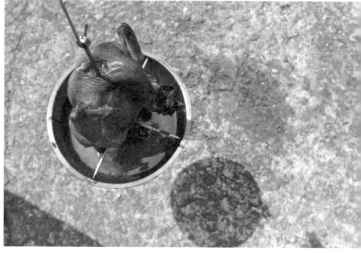

　　家族世居在美濃廣林地區的張發釗和太太楊麗真，合力經營土雞城至今已快三十年，土地是由阿公在日治時期買下，起初務農，先以種植鳳梨、荔枝、芒果等水果為主，分家後張老闆繼承了約莫八甲土地，初始仍以水果種植為主，但看著眼前清幽壯闊的風景，朗朗晴日下，層巒疊翠，遠方就是美麗的茶頂山和獅型頂遙遙相對，間或點綴著龍肚和廣林幾處山村風光，太醉人了，於是讓他興起了開店攬客的念頭。拜師學藝後，這間超隱密卻高人氣的土雞城就此誕生，萬事起頭難，整地、蓋屋、架頂、牽線全自己來，因為自來水只輸送到山腳，他們索性自己埋管接山泉水，一路拉往甲仙方向，故熬湯做菜的水質特別甘甜，因為地點遠僻，店名最後乾脆直接取作「山頂上」。

　　店裡菜餚有家常有野味，想熱炒、甕烤、清燉、香煎都行，開店後陸續研發出的招牌菜就跟懂門道找來的客人一樣越來越多，但內行人都知道，必點的就是那鍋用白玉老蘿蔔乾慢燉的雞湯。秋冬會短暫露臉的白玉蘿蔔是美濃的風土寶貝，以前保存不易，老一輩會先將白玉蘿蔔曬乾慢慢使用，但先鹽醃入甕前覆蓋粗糠的做法，最後蘿蔔乾雖香鹹度卻無法完全進去。張家改成用粗鹽先醃，續用石頭壓乾水分才拿去日曬，過程要翻面確認是否收乾，天氣轉陰時要快手收整，入夜前也得趕快收進屋內不能碰到露水，陽光充足下大概曬個二十來天即可，日照不足就需要拉長至一個月。這時的蘿蔔肉還是

白色的，接著裝甕，得層層緊密壓實才封口，用繩索綑綁好後，醃漬期至少要三年以上，白玉蘿蔔收斂出的那股獨特酸甘氣才會顯露，山頂上用來燉雞湯的老菜脯都七年起跳，年分越久色澤越黑也就越值錢，俗稱「黑金」，那些二十年以上的都是極品。

醃七年的白玉老蘿蔔乾，湊近甕口聞，其實沉穩馥郁的香氣已屬不凡，取出沖洗切條後，張家會放進用豬骨和雞頭熬製的高湯中，與鮮嫩的跑山母雞肉一同燉煮，慢燉過程當雞肉油脂跑出後會開始驅動整鍋香氣融合，起鍋前得關火再燜，讓老菜脯的鹹甘被徹底釋放，最後湯頭之甜美讓人驚豔。另外用醃漬二年半版本的白玉蘿蔔乾煎的客家菜脯蛋是隱藏版，刨成一絲一絲後和蛋液揉合下鍋油煎，那絕妙滋味會讓你產生是第一次吃菜脯蛋的錯覺。

店內還有一道必推的古早味魔幻菜餚—青蛙丸，青蛙內臟先清理乾淨，續和豬絞肉以一比二的比例混合，絞兩次成為肉餡，裡頭摻雜了用來提味的九層塔和蒜頭，這裡雖謂之為「丸」，但餡料不捏成球狀而是整片分壓後以肉排方式呈現，待客人點餐才下鍋煎炸，外酥香，內鮮嫩，非常下飯，魔幻之處在於有時還會嚼到碎骨和蛙皮。由於現代農田普遍用藥，田邊捕蛙的景象早已不復

當年，因此老闆娘不定期向人少量收購到整批來自山野溝渠間的健康小野蛙時才會做這道菜，想吃得碰運氣。

山頂上的版本已夠迷人，但還曾耳聞在美濃某客家阿婆的床鋪下，藏有五十年版本白玉老蘿蔔乾。

圍爐・吃鍋

洪師傅

原味 / 紅蟳薑母鴨鍋・限量私房特色鍋物

隱身前鎮區很久的神級鍋物，
「鎮南宮前紅燈籠鐵皮屋」是通關密語

　　「洪師傅薑母鴨」是前鎮人密而不宣的神級鍋物，難找，得熟門熟路，隱身幕後的洪師傅，同時也在學校教書，店內細瑣全交由太太和兒子洪慶龍打理。夫妻倆都來自澎湖，洪師傅初出社會即流連於各餐廳蹲點練功，民國七〇年代初期，眼看台灣吃薑母鴨風氣日盛，在台菜光譜中其被視為是道溫補型湯菜，他透過自身精湛技藝輔以從親戚那習得的製鍋訣竅，遂在民國七十七年正式於現址點燈，口碑很快隨著鍋香猛烈擴散。

　　鴨肉這裡只選白毛紅面、生長期介於 120 天到 130 天間的公番鴨，肉質香

腴，不用母鴨是因為脂肪含量偏高，和做燒烤的北京鴨相同都不適宜拿來燉煮，菜鴨也不考慮，因為入鍋久煮，肉質會變得粉爛。送來的肉鴨須經過特殊程序處理把鴨汁精華鎖在肉裡，接著連同麻油爆香老薑下鍋炒到七分熟，薑和鴨比例抓各半，炒完降到室溫後先送冷凍庫凍半天到一天，這樣再次入鍋細燉風味才會全然釋放。湯頭完全不摻粉，實實在在用鴨肉燉出風味，還放了川芎、黃耆、黨蔘、甘草等中藥，烹煮時會加紅標米酒，湯水滋味飽滿濃郁，想喝「酒湯」者也可加價添購。

來這用餐會不時撞見高雄頂尖餐飲人出沒，大廚是整批學徒帶過來，也聚餐也見學。

　　鴨肉每塊都是厚切，因此要炒到入味更費時也更仰賴翻炒技巧，每當秋風起，3 天瘋炒 15 大鍋是尋常，因此慶龍哥苦笑，炒到季末雙手都會痲痺還加送五十肩，冬令進補的旺季都要提前早早在網路預告以免生意暴衝。傳統薑母鴨鍋是主打，可額外加入海鮮升級成海陸湯頭，以紅蟳最受歡迎。所有海鮮都是當日現捕，因此至少需要提前一天來電預訂，蟳與鴨的組合，擷取的是類似於魚羊合後讓食物鮮味更上層樓的概念，特別是厚實鴨肉因為耐得了久煮因此能從容吸附海鮮的甜美，入口即知妙效。搭配的鵝肉丸、芋頭丸、蒜酥麵線、秋冬限定的栗子也都高人氣，栗子和海鮮一樣，入鍋一段時間後會轉化湯頭風味，推薦單點。

　　調醬也是關鍵。洪師傅是用江記甜酒豆腐乳、蚵仔寮黃記豆瓣醬、生抽和獨門祕方，按黃金比例調出獨門蘸醬，非常涮嘴。薑母鴨鍋狂銷來不及炒時，這裡還有各色限量雞鍋可頂著，想吃藥膳羊肉爐得事先預訂，實在忙不過來時會停賣，看著鍋裡熱烈奔騰，換來的都是嘴中的天寬地闊，人生至樂。

圍爐・吃鍋

貓頭鷹鍋物

古法上湯鍋・御廚叻沙鍋・私房麻奶鍋・奶油啤酒

湯頭和食材皆秀麗，一窺屏東女孩在高雄建立起的鍋物王國

　　二〇一五年盛夏「貓頭鷹鍋物」迅速竄起，成為高雄不容小覷的後起之秀，很難想像這背後僅全靠一位甜美女孩撐持，她是來自屏東鹽埔鄉的林琇威。小名威威的她原本工作和餐飲毫無關聯，高壓產生的職業倦怠，驅使她提前站到下一個人生十字路口，32 歲毅然決然投身餐飲，一路闖蕩，最後幸運進到高雄知名連鎖麻辣鍋品牌總公司任職，期間她像海綿，抓緊機會練內外場的功，加上擅於觀察細節，又懂得虛心求教，經驗迅速累積，最終成功創業。

　　昆布湯頭源自兒時，那鍋母親總會用大灶燒滾用來守護家人的熱湯，主打的古法上湯鍋，研發靈感則轉化自粵菜裡的關鍵要角「上湯」。粵菜裡常出現「鮑參翅肚」等高檔食材，多倚賴上湯的襯托，威威是用 10 斤上下的特選老母雞連同金華火腿等食材來熬製上湯湯頭，百斤下去填滿湯桶，7 小時熬好後只剩一半，但味道飽滿醇厚，她整整試了上百次才定調；冬季時則會限定推出，用老薑、米酒和麻油煸完燉出的麻香上湯鍋，喝來同樣暖心暖胃。走過漫長大疫時代，困境裡她勇敢逆勢操作，又研發出了兩款叫好叫座的新湯頭。御廚叻沙鍋她委

據威威自己形容，她平常放很鬆，但一有靈感就會沒日沒夜投進去。鍋裡滾滾湯水都是催化後的 girl power！

請了知名國宴主廚同時也是高雄人的湯淯甯操刀，耗時三個月研發，有別於印尼叻沙的生猛，小湯主廚的版本，香濃，但涮菜涮肉口感舒服溫潤。私房麻奶鍋則是集結了眾鷹粉們的願望而生，湯頭以數十種食材祕製，口感辣中帶柔，飄蕩奶香。下鍋食材威威說得直白，各家亮點大同小異，肉品與海味是不敗主流，鮮是基本，奇巧各自發揮，進來的每樣食材她都親自把關，海陸拼盤的菜色已是豪邁壯闊，如果再加上這私房限量的唭仔雞，海陸空三方盤中車拚，吃進肚的全然就是南國霸氣。

　　這裡搭配的澱粉小食是亮點，有用自榨豬油、油蔥酥和屏東內埔近一甲子老舖噴香醬油組合出的豬油拌飯，還有豆仔麵，源自她始終難忘兒時鄉裡流行的豆簽（tāu-tshiam，多以米豆磨粉製作成的長條形食品）燴絲瓜，優秀的豆簽需手工特製，不陰乾，靠晴日均勻曬出香氣，她是委請住在屏東佳冬已 70 幾歲的阿伯拿樹豆以古法製作，極其珍貴。奶油啤酒也是必點，這款外觀像啤酒，帶鮮明香檳味的無酒精飲品，是她從知名魔法電影得到的靈感，經轉化後用私房研究出的汽水配方搭鮮奶油成功實驗而得，非常順口，很容易就一杯接一杯。

081

名家

汕頭沙茶火鍋

如果暗訪愛吃鍋的高雄人，泰半每個人心中都藏有一張私密的鍋物地圖，汕頭火鍋必定占據一席之地。戰後先後有大批來自中國潮汕地區的移民跟著國民黨政府來台，由於高雄的風土和語言環境都類似於家鄉，因此當時吸引了許多人在已繁榮的哈瑪星和鹽埕落腳，並帶進了宗教信仰與潮汕相關的飲食文化影響至今。其中汕頭麵、沙茶醬與汕頭火鍋之於高雄都有著舉足輕重的地位，然而隨時代風起雲湧者不僅止於有家鄉背景的情懷老店，也能看見本地跳入、經營出色的後起之秀，「名家汕頭沙茶火鍋」即為其中佼佼者。

總店隱身在渤海街的老透天厝裡，每晚門庭若市，老闆何坤樹和老闆娘陳美芬皆是嘉義人，民國七十三年移居高雄後一路兜轉，曾賣台式家常菜，爾後轉換開汕頭火鍋店的契機，係源於老闆娘本身很愛喝湯，台式火鍋與砂鍋魚頭她本就拿手，投入研究也熱愛的汕頭火鍋理出一套心法後，遂與先生於民國九十四年在現址勇敢點燈，期間歷經起伏，如今生意可謂暢旺不墜。

汕頭火鍋的靈魂是湯頭和沙茶醬，湯頭裡的提味來源主要有扁魚、蝦米、冬菜。根據邵廣昭先生在其主持的網站

取作「名家」其實是算命而
得，但如今在高雄汕頭火鍋
界也的確樹立一家之言。

「台灣魚類資料庫」的分類資料中，中文俗名被稱作「扁魚」的魚就有 87 種，
分散在鰜科、鰈科、鮃科、鰨科等九類不同科別。且不同品種在日曬製乾後
展現出的風味也有差異。名家熬湯用的扁魚乾是從三鳳中街的兩間老舖輪流
進貨，先油炸逼出香氣，炸完把殘油瀝乾後吹涼使魚身變脆，接著剪成小片
狀備用。待客人點餐完畢，鍋底會先墊蝦米和扁魚片再下豬大骨湯熱滾，特
別選用小湯鍋能使風味越滾越厚，是因為扁魚油脂附著在鍋緣，當爐火溫度
上來，油脂遇熱也會感覺整鍋更香。自製沙茶醬部分，會將預先磨粉的扁魚
和蝦米，連同提味用的少量中藥和花生粉、沙茶粉一起下到白芝麻油裡炒，
再拌進帶顆粒感的蒜頭酥，沙茶醬熬好起鍋前還會再加一次扁魚和蝦米，因
此名家的版本海味特別強勁，但也因為成本太高，所以無法單賣。

　　食材主力，想涮各色新鮮牛豬羊肉都有，內臟也處理得乾淨，海鮮也不
容錯過，蛤蜊和蚵仔每天到火車站前拿，魚餃和如今已少見的魚冊仍採傳統
製法，訣竅是早年何老闆從認識的台南師傅那習得，必吃的魚冊如今以風味
接近的海鰻取代漸稀的狗母魚，剁碎摻進麵粉揉成條狀後切小塊整平再加進
豬頰肉，非常費工。手工香菇丸和芋角丸也優秀，還有自家手打的蝦仁漿和
花枝漿，漿裡都吃得到明顯塊丁，瑞豐店還有提供加了松露醬的花枝漿。他
們生意再好，空間始終維持著 10 桌客量，這種老派而優雅的堅持，才是細水
長流之道。

圍爐・吃鍋

檸檬香茅火鍋

香茅雞骨高湯鍋・泰式酸辣鍋・孜然麻辣鍋

在高雄屹立不搖的老字號，滋味清揚秀雅的香草系火鍋

　　以芬芳香草跨界結合火鍋湯頭闖出名堂的「檸檬香茅火鍋專賣店」，是高雄鍋物界的老字號，鎮店的檸檬香茅鍋可謂創辦人蔡淑娟的精心傑作，人稱「娟姐」的她，在一九九九年率先開了店的前身「香草屋」，當時即主打各色香草料理。在屏東萬丹出生，新園長大，父母皆忙於磚窯廠工作，因此自小她就肩負起為弟妹帶便當的重責，彼時因為家人還有投資東港漁船，家裡從不間斷的漁貨反而成了激起她料理興趣的敲門磚，窗口掛著成串白帶魚或大尾海魚都是稀鬆平常，母親更煮得一手道地屏東飯湯，後來在高雄念書成家，因緣際會開了店，「喜歡料理」的初心始終不變，因為只有喜歡，才會善待。

　　開店的轉折點始於一檔海外教歐式料理的節目，內容示範了如何運用大量香草入菜，彷彿就像找到新大陸般，她開始找路接觸，上課考照樣樣來，彼時南部栽種香料的人極少，在路上她幸運地陸續遇到香草圈裡的同好，彼此互助，開路前行，也是在那時她遇到了高雄大樹區「雅植歐洲香草園」的創辦人之一黃崇博。雅植是南部將「新鮮香草平價化」的先行者，園區內甜羅勒、迷迭香、香蜂草、德國洋甘菊、馬鬱蘭、檸檬馬鞭草、薰衣草、奧勒岡等應有盡有，當然也少不了娟姐火鍋店裡的要角檸檬香茅。

　　雅植的檸檬香茅全是有機栽種，因此產量常常在和田鼠們的食量賽跑，不論是鮮採或乾料都帶有鮮明檸檬香氣，很合適打醬，但因為外部纖維粗厚，無法直接拌攪，需費力先切開取出裡層嫩莖，早期沒有機器代勞時人常會剁

　　　　　　　　　　　　　　　　　　　　　　　　　圍爐‧吃鍋

疲累時我喜歡加點整盤海
鮮，特別是蛤蜊，連同檸檬
香茅醬一起下去煮成升級
版香茅蛤蜊鍋補充精力好
讚。

到流淚。由於檸檬香茅需要借助其他歐式香草的襯托才能展現絕佳風味，娟
姐說，當時和黃崇博為了研發出完美比例的檸檬香茅醬，兩人可是在香草屋
二樓不斷地閉關實驗修改，完美複方才告問世，裡頭用了哪些其他香草自然
是機密，但她透露裡面有加了點芫荽提味。店裡的招牌湯底、醬料、茶飲全
都用上這款醬料，火鍋主打的湯頭是香茅雞骨高湯，由於檸檬香茅醬自帶仙
氣，最適合與清爽食材來配搭出湯頭，因此雞骨架入鍋熬湯前得先細細刮除
附著的殘脂，再連同大量蔬果慢熬出清甜風味，出湯前醬料才會單獨拌進去。
後來陸續推出其他款湯頭，叫好的泰式酸辣湯也是以香茅雞骨高湯打底，再
添進番茄糊、紅咖哩、泰式香草、肉桂、椰奶等，每款湯頭都少油少鹽，展
現天然風味是原則。

　　搭配肉盤和海鮮吃一輪會發現味蕾仍舊清爽，海鮮類的草本飼養台江漁
人黃金無刺虱目魚柳、鱸魚和青石斑（澎湖黃鱠）都值得試試，餐點裡的蔬
菜盆特色是加工食品非常少，取而代之的是手工豆皮捲和里港手包餛飩等，
也可加價升級成純蔬菜盆，有超過 20 種季節蔬菜會不停輪換，附餐的澱粉強
力推薦九層塔香麵。免費提供的飲品也不含糊，拿香茅葉來煮的香茅綠茶，
微甜，香氣濃郁，因為極受歡迎還單飛推出外帶杯販售，藍梅果粒茶和特調
香草茶則是不定期輪流推出。

滿 福

土產羊肉爐・全羊料理

圍爐・吃鍋

　　隱身在阿蓮區的「滿福土產羊肉爐」，只要再往前跨個幾步，過溪就會接上台南，雖然離高雄市區有點距離，但絲毫阻擋不了饕客的決心，從羊場到餐館，一切轉折都始於老闆娘林秀玉的童年往事。

　　故鄉位在隔壁田寮區的她，自幼即擔負家中放養工作，是名符其實「放羊的孩子」，直到和先生張堯椿共組家庭，夫妻倆也開始了自己的養羊事業。兒時的浸淫與鍛鍊，讓秀玉姐早早養出心法，對於羊兒喜歡帶嚼感的菜葉，新鮮牧草、青菜、毛豆莢、芭樂葉和香蕉葉她大量供應，南部夏季溽熱，當羊兒食慾不振，她還會調黑糖水幫牠們消暑，羊場也特別架高保持環境舒爽，在身心都被妥貼照顧下，這兒出產的羊肉甜嫩無腥羶氣自然也不讓人感到意外了。

　　早期還得學會自己宰殺，工作日專心顧好羊場，六日則會將處理好的溫熱羊體放上發財車趕往岡山路竹一帶菜市場小賣（sió-bē，零售）。掌握了優質源頭後，自行開店也成為命運裡的必然，當初夫妻倆還慎重挑了幾個名字請示神尊，最後「滿福」二字連得 12 個允杯定案，寓意美滿幸福。滿福上桌的都是自家飼養、周歲內的土產醃公羊，一早先交由岡山屠宰場處理，溫熱屠體拿回店內後再自行剁切，如今掌杓的是五女兒庭羽，餐飲科背景加上摩羯座個性，讓她對店務帶有強烈使命感，花樣年華即接棒，無畏廚房燥熱，

決心要讓好滋味傳承下去。

店內的招牌菜太多，光是羊肉爐就有三味清湯、十全大補、當歸燒酒、老薑等選項，其中由老頭家苦思研發出的三味清湯可謂鎮店之作。早期是先在羊肉高湯裡加入白蘿蔔、筍子和鹹瓜仔熬製提鮮，夏季當令綠竹筍到冬天會改放自家漬筍干，鹹瓜仔如今則改以自製高麗菜乾取代，湯頭被襯托得更加清揚雅緻。

當整盤片成羊花的肉片一一輕涮湯面，蕩漾出嬌滴粉色後，速速入口，嘴裡會釋放出肉質的鮮腴，甜美度絲毫不輸本產溫體牛肉吶！如果有緣，每日僅少量供應羊三層肉和羊松阪，要搶，肉質不油不膩且滋味更加厚實。

除了吃鍋，也必須用麻油、沙茶、三杯、酸醋、苦瓜等吃法將羊肉和新鮮羊雜爆炒成下酒菜，羊心、羊舌、羊肚、羊腦等都是猛料，有人專程千里而來，為了要涮盤品質好處理手法細幼的羊肝，口感鮮嫩且不粉不澀。

滿福除了自營羊場，還有農地採行自然農法，種植十多樣無毒蔬菜讓客人能搭配鍋物食用，高麗菜、萵苣、日本茼蒿、甜菠菜、奶油白菜、枸杞葉，原則以不影響湯頭的品項為主，羊群就是有機肥的供應者，菜長得又大又甜。

來趟滿福馬上可以理解，何以已懷抱萬千食味的饕客們仍不畏征途，一心只想抵達這個能提供大啖土產溫體全羊的嘴上極樂之地了。

偷偷說，燉到膠質豐滿老饕藏私避談的限量羊眼睛根本不在菜單上。

新 興 區

(084)

雞伯

各色台式風味雞湯鍋 · 雞料理盤

在市中心民宅裡的「雞伯」，不靠裝潢，單憑紮實手藝與貼地的用餐氛圍，就足以吸引饕客自動報到上門，老高雄人甚至打趣地稱呼這裡是「透天厝裡的土雞城」。老頭家蕭榮祥，早年養雞在新興市場賣雞近三十年，當時人人都喚他聲「雞伯」，民國六十六年，因緣際會開展出土雞料理的專賣事業，初始店名取作「金陵雞村」，但因為雞伯客人叫得順口最後更改。獨鍾五到六個月生長期的母雞，肉質不鬆弛但也不過度緊實，除非雞市休息，不然在這裡吃到的都是當日溫體現宰的雞屠體。

還在舊址時，傍晚時分開店前，員工組成的料雞大隊會全數出動，拿小椅、架砧板、方形水箱注滿活水後，路邊分坐，開始分工挑毛、切肉、清整臟器、處理瑕疵，各個神態自若握穩刀具遊走在碎脂與鮮肉之間，從容辨識哪裡該劃該切，能不破壞結構，全是經驗，路過乍看很像是正在上戶外的團體刀工實戰課。等人潮逐漸湧入，鍋底好料在猛烈焰火中開始喧騰，自第二代加入後，控單更為精準，從點餐到上桌，也讓體驗的節奏更一氣呵成。

至今還維持著外送服務，出
貨前還會聽到老頭家在門口
大喊一聲「送雞」！

＊附註：照片係在舊址拍攝

　　四人歡聚半隻煮湯半隻乾炒剛好，想更盡興就再加碼，反正湯鍋坐列五
大明星，剝皮辣椒雞、燒酒雞、苦瓜鳳梨雞、竹筍雞、香菇雞，要吃瓜仔、
蒜頭、四物或白蔘也都有，鹽焗、豆乳、三杯和蜜汁則是乾吃四大天王。燒
酒雞是人氣首選，不摻一滴水，單鍋下足 3 瓶米酒頭再兌進用黨參、川芎子、
當歸、甘草、紅棗、枸杞等中藥材自製的藥酒，只見阿姨手握酒瓶豪爽傾倒，
姿態與湯鮮肉甜飽富酒香的雞鍋同等迷人，曾一天用掉 250 瓶米酒，得狂叫
6 台外送車載運。剝皮辣椒雞鍋是後起之秀，用生辣椒醬漬的湯水加上剝皮辣
椒一起燉煮的雞肉，鹹鮮裡帶肉甜，後韻是喉頭感覺微微灼熱，過癮！香菇
雞鍋裡的乾香菇挑選是重點是，菇傘要有一點裂痕，長時間浸泡香菇得到的
香菇水成為湯底來源，香菇的鮮味煮出來，和甜美雞肉非常合搭，竹筍雞鍋
滋味更清爽，延伸出的炒鮮筍是拿量少的綠竹筍頭來炒，很受歡迎，但就算
當令也不一定天天吃得到。

　　乾吃首推鹽焗雞，生雞會先用針筒將私房調醬注射到雞肉裡，這裡戲稱
叫「打針」，屠體靜置一天後會分兩階段烘烤，先鋪上粗鹽焗烤約 2 小時，
接著在雞的腹背塗抹鹹麥芽糖膏續烤至油亮動人，滴落的雞汁蒐集起來加進
白胡椒做蘸醬，整隻不分切的點法最能享受手扒雞的吮指樂趣。外酥內嫩的
豆腐乳去骨炸雞丁，帶蒜味和酒香，配台灣冰啤同食是日本客人最愛的組合。
炒雞心則是隱藏版好料，肥碩的土雞心以蔥蒜辣椒爆炒後無敵下飯，另外為
了服務愛吃海鮮的客人，這裡也有蝦和小卷可點。

圍爐‧吃鍋

085

泰山

汕頭火鍋

高雄人對汕頭火鍋的情有獨鍾，已不只體察在因為歷史因素造就出的地域性鮮明飲食文化，眾品牌的合力撐持更早已是照亮高雄的點點繁星，汕頭牛肉火鍋從最早期先在外省公務員與演藝人士等族群間流行，如今遍地開花，民國六十五年創設的老字號「泰山汕頭火鍋」是其中的有力見證者之一。創辦人徐耀德先生祖籍廣東汕頭，國共內戰爆發後，他隨老師撤離，最後滯留台灣成了流亡學生，為了生存，他於民國五〇年代中期進到高雄汕頭火鍋的熱區鹽埕，追隨老店潛心習藝，一待十年。天分使然，嚐過的料理他幾乎最後都能完整復刻，復刻的也是那夢裡的故鄉，

出師後他感念師恩，選擇離開鹽埕到南高雄苓雅寮另創新局，品牌取名「泰山」，係因為當時台灣正在上映系列電影，他有感於因為戰亂，自己待在台灣的時間已比待在老家還久，加上主角同樣面臨身分認同問題，他期許自己最後也能長出力量，以家鄉味守護所愛。

初期開店，老老闆不只賣汕頭火鍋，也有家常沙茶牛肉燴飯和熱炒可點，目前已接棒的第二代兄弟檔選擇聚焦在最經典的鍋物。大哥徐志良說，聽父親分享，以前在老家，汕頭人傳統吃牛肉鍋的方式是直接把沙茶醬倒進鍋底，且涮的不只是溫

第三代也陸續投入家族事業，祝福徐家精神安如泰山，讓滋味繼續飄香港都。

體牛，而是各色想得到的威猛牛雜都會悉數入鍋，因此最早期來這裡吃鍋，是連牛睪丸和牛尾等都能點到。如今他們把「全牛概念」稍作轉化，在店內推出涵蓋各部位頂級進口肉品的高人氣「全牛宴」，輔以其他豬羊鴨雞和青美海鮮，將汕頭火鍋帶往全新境地。

　　祕製湯頭和傳家沙茶醬是泰山的鎮店雙寶，湯頭的醇美奠基於用了雲林口湖的日曬扁魚乾、豬後腿骨，還有些許冬菜來熬煮，扁魚先經過適度油炸炸出魚骨香氣，接著全磨成粉下到湯底，特別冬季時扁魚肉最是肥潤油香，拿來熬湯更顯醇厚，另外早期沒有機器輔助時，老老闆會耐性用人工將豬後腿骨捶裂，讓骨髓精華全部釋放到湯中，這是增加湯底厚度的另一關鍵。傳家甚至得獎的沙茶醬，主要是用開陽蝦米與花生來吊味，輔以各色辛香料融合成獨門蘸醬。

　　鎮店雙寶就緒後，除了可在冒出滾滾煙氣的湯水裡快意涮肉和進攻各色海鮮外，泰山的手工餃類系列包含魚餃、燕餃、蛋餃也都好吃，手打漿如孜然墨魚漿和花枝蝦仁漿，以及手工的海鮮丸和芋泥豬肉丸也都不容錯過……如今後代爭氣，分店開枝散葉，也重返鹽埕在高雄港邊開了時髦分店，裊裊煙氣裡拓印出的一道道人聲笑語，我想彼時那個孤單的少年，現在看了嘴角應該也會揚起微笑。

創作料理

跨餐酒界．

東港孩子開的餐酒館，
滿載各種來自家鄉生猛強勁的肥鮮海味

新 興 區

福得小館 Foodie Small Café

創作料理

　　舊址設在文化中心附近老透天厝裡的「福得小館」，乍看就像某個發散歐洲情調的小餐館，如今搬到南海街華廈，更靜謐的街區，館子透出的卻是更厚的人情溫度。主廚兼經營者 Roger，是屏東東港小孩，餐飲資歷逼近二十年，精湛的料理技藝自是不在話下，然而最厲害的，是能巧妙結合台灣在地食材，混搭出一道道難以定義卻帶有濃濃台味的創作料理，特別是那些神出鬼沒，僅限量公告快閃吃完會讓人想拍手叫好的「福得家常菜」系列。

　　Foodie，字面直翻是美食家，更直白一點，也可形容是吃貨，中文翻成福得也順耳，因為這裡真的就像你家隔壁，是給有福之人的安樂窩，自稱 café 是謙虛了，千萬別以為裡頭只賣輕食，餐盤裡可是隨時都能帶你去到某個厲害的小吃攤或生猛帶勁的海產店。Roger 上山下海找食材，靈感全來自風土、節氣與心心念念的故鄉，因此東港直送當令的青美海鮮是店內亮點，他說，菜單上看到的就一定也是自己很想吃的，惟有懷抱這般熱情，上桌的菜也才會真的擁有生命力。

　　菜單從沙拉、開胃菜、主食到甜點琳瑯滿目，菜單雖每季更換，但始終保留經典菜色，且不難看出每頁都帶強勁海味。Roger 從沙拉就開始「作怪」，柚子胡椒醃鮮魚佐南蠻漬海帶芽帶和風，碳烤魚蛋加上吻仔魚酥，輔以脆培根被做成的凱薩，靈感來自台式海產店裡的魚蛋沙拉。

　　酥炸東港漁村綜合海鮮盤附特製沾醬是長年不敗的必點，盤裡豪邁的海

舊址曾轉個彎就會撞見步
道咖啡館,再一路串接上
三餘書店和艾比路唱片行,
搬遷後這份高雄最美的人
文散步地圖持續擴充中。

鮮炸物,沙鮻、銀魚、現流小卷、大魚槽、旗魚骨、無眼鰻、水晶魚、金鱗魚等都依循季節輪番上陣,和每日特餐裡的海鮮全都是東港直送的私房嚴選,輔以炸小黃瓜,刨灑大量落雪的帕達諾起司,蘸著用英式黃芥末美乃滋調的醬吃,實在是有點太涮嘴。主食有燉飯、義大利麵和各種肉料理,其中向家鄉東港海鮮飯湯致敬的「香芹牡蠣竹筍燉飯附炭烤大目旗魚肚腹肉」,除了海鮮再升級,飯湯精華汁水也巧妙濃縮成青醬燉飯,還有用現流小卷和蘆蝦清炒的「檸檬辣椒漁夫義大利麵」,都是在向台灣討海人敬禮。

可遇不可求的福得家常菜系列,直覺跳脫出更多框架,因為自由,所以吃來特別恣意暢快:拿紅酒和香料來燒煮台灣土雞;或者直接讓滋滋作響的鐵板上桌,讓人以為到了牛排館,但黑胡椒香氣下是整塊厚實的黑鮪魚塊;鮮美肥腴的馬祖生蠔被他油炸完,外皮酥脆但一咬簡直像在口腔引爆海味炸彈。Roger 海納素材的霸氣像爸爸,以手藝靈巧轉化風味的溫柔又像媽媽,來福得,明明是端坐於時髦餐館,卻更像受到家的呼喚。

溫柔實驗室 Laboratoire de douceurs

創作甜點・Desserts à l'assiette 盤飾甜點

　　二〇二〇年夏天，「溫柔實驗室」在高雄鹽埕開幕。甜點主廚劉諺和 Jack 是土生土長高雄人，先後從高雄兩間餐飲名校拿到餐飲與烘焙管理的學歷，在不少名店待過。在 RAW 工作期間，他負責帶領組織點心房的工作流程及出餐，那段時間他形容是把五感打開去接觸各色食材，許多對餐飲的既有思維都被砍掉重練，也進一步造就了日後他想到國外進修的契機。獨自待在法國里昂和波爾多近兩年，藉由頻繁的東西文化撞擊，對歐洲飲食也有了更廣闊的認識，返台用在甜點創作上，他說獲益良多。

　　店名用實驗室，Jack 自陳：「廚房是我的實驗室，每次測試只能有一個變因，空氣填入多少，利用蛋白質、澱粉質還是油脂，糖水煮到幾度再冷卻會有不同變化，只要差 0.1 克都會影響很大。我覺得廚師工作很像在做實驗，透過種種步驟，配方要能美味且穩定才算成功，因此我選實驗室而不叫烘焙屋或甜點店。」而法文 la douceur devivre 說的是生活的甜蜜，doucer 單看帶有「許多甜味」的意涵，Jack 說他所能連結到最接近心中想法的中文字是溫柔，提醒自己，不管是面對食材或客人，都要以溫柔心意相待。

　　實驗室內的蒙布朗、檸檬塔、草莓芙蓮、布蕾塔、巴黎布列斯特等都是招牌，實際入口後你會對 Jack 在正統做法外加進的創作巧思拍手叫好，如經典的法式甜點聖多諾黑，開業後他就曾拿過草莓、櫻桃、酪梨、葡萄柚、伯爵

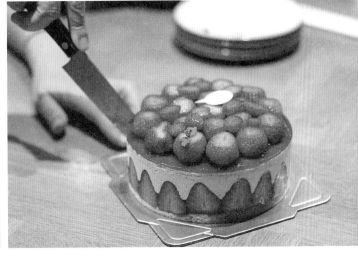

茶等素材來玩，夏季諾黑裡也曾出現黑芝麻、芒果、百香果、椰子的身影，派底他改以捏碎千層加進燕麥拌攪後去烤，烤完依然出現類似龜裂的效果，保持了諾黑該有的傳統。過往破除的框架，也讓他極擅長將一些正餐的烹飪技法或風味轉化到甜點創作上，好比他從油封鴨腿擷取了「奶油」和「低溫」兩個概念，將鴨腿變成洋梨，香料同樣選用百里香拉主調。他在傳統根基下不斷尋求突破點，這也讓Jack的創作甜點帶有強烈個人美學。

從「世界太大」的概念中他理解到「餐飲太活」，是持續奔跑的甜點實驗家。

　　二○二三年他的玩心又更上一層，在店內推出每季更換菜單，包含三道現場製作甜點、一份小點和一杯飲品的套餐式盤式甜點（desserts à lássiette）。有別於常見的櫥窗甜點（patisserie de boutique），盤式甜點傳統上被視為整套正餐最後壓軸出場的料理，因此設計脈絡可以複雜多變，極具挑戰性，如今世界各國都有甜點主廚開始如Jack這般，獨立開店專注於提供盤式創作甜點的體驗。

前 金 區

Marc L³

創作料理

　　二〇一九年在高雄鹽埕第一公有零售市場,一個曾賣魚賣肉的洗石子老工作檯,經由主廚廖偉廷 Marc 巧手,改造成能容納 8 人的露天小餐館「小鉢洋食」後,進行了為期半年的快閃計劃。熄燈後,好口碑隨餘韻持續在港都發酵。兩年後,時機成熟,他再度挑戰跨出舒適圈,帶著全新品牌 Marc L³ 與大家見面,掀起了餐飲圈裡巨大的海浪。Marc L³ 的命名,來自他和兩位摯友的英文姓氏都是 L 開頭,也象徵著 3 人在廚房建立起的革命情感,其中一位即是台北「蘭餐廳」的主廚 Nobu。

　　踏入法餐的世界前,Marc 曾待在海外,歷經曲折與艱辛交纏的年輕歲月,留下的養分,也形塑了他在待人接物時欲捍衛的價值。自加拿大餐飲學校他開始系統性累積烹飪能量,因為精湛廚藝是傳遞價值的重要橋樑,返台後再度遠赴澳洲,兩間曾摘下澳洲餐飲評鑑高帽殊榮的頂尖名廚的餐廳,雪梨 Bennelong by Peter Gilmore 和墨爾本 Vue De Monde byShannon Bennett 他都待過,也曾與希臘裔名廚 George Calombaris 共事,在澳洲廣裛大地上的飲食多元文化滋養下,他像海綿吸取,也把更多肩上的包袱卸下。「我想拋開過去工作得到的光環,只做我喜歡的菜,給想吃的人看看⋯⋯。」於是選擇從菜市場出發。回頭再看整段旅程,談論起商業經營他比任何人都世故,但回到餐桌他始終記得凝視本心,體內深藏的男孩魂依舊熱血純真。

　　法菜在全世界的料理型態中占有極重分量,並在當代頻頻與各國在地食材發生共振,成為頂尖名廚們有志一同的探索樂園。「風土」成為最具挑戰

Marc L³ 上標化的 ³,指的
是立方,英文念作 cube,
所以 Marc L³ 正確唸法是
Marc L Cube

性的轉譯工具:主廚先向土地告白,再拿自身創作邏輯進行解密。轉是功夫,
譯是詮釋角度,端賴個人心法,因此相同素材,排列出的組合也可能幾千幾
萬。那同時也是文化和文化撞擊時,主廚與自己內在的辯證,Marc 說得好,
重點是「做的菜要像自己!」在思考菜單如何設計時,當令都是他首重條件,
整套料理編排下來,每道的強弱度要相當,卻又能置入不同亮點。哪些味道
要突顯,哪些素材可視作隱味,如何以相襯的料理手法串聯,都需要斟酌。
Marc 調度風土的能力相當精準且出色,特別是對應到海鮮、肉類、直火、野
味、風味堆疊等幾個關鍵字時,他常一出手就讓人一吃難忘。

　　能同時在法餐炫麗技法裡領悟到反璞歸真是更加珍貴的能力,食材夠好,
技法適度收斂,依然錦上添花。輔以用餐過程空間隨意穿插的台式情調,他
用料理堅定地告訴你,在 Marc L³,料理不僅吃得懂,那些自命不凡的階級觀
也都會被推倒,Fine Dining 講究的不只是精緻,而是讓每個人沒有尊卑之別,
吃完離開時都能愉快自在地說出,「我不只是 fine,整套餐我感受到的是全然
的 well and wonderful。」

雄合味

挑食 Gien Jia

創作料理

　　位在高雄中正四路「喜餅街」上、打通兩間老屋後點燈的餐酒館「Gien Jia 挑食」，係由主廚蔡易達和太太陳佩伶共同催生。來自屏東潮州的易達，從小就浸淫在多元族群交融的飲食文化裡，加上潮州銜接屏北和屏南的日常往來，因此兒時他就比別人更有機會培養對食物的觀察力。

　　年輕時曾在台北亞都麗緻工作六年，從巴黎廳 1930 的高端精緻法餐，一路歷練到以 Brasserie 風格打造的巴賽麗廳，從中不斷累積底蘊，鍛鍊身手，回到南方高雄開疆闢土程，帶有強烈個性的料理創作風格也逐步成形。

　　挑食自二○一二年開業，為人津津樂道的就是餐館本身是個「沒有食譜的移動式廚房」，廚房內常備的烹調指引只有高湯和醬料，每季更新菜單，靈感全仰賴易達從產地帶回的當令風土訊息來激發。

　　一放假他就往山上跑水裡去，高雄 38 個行政區早已不知跑過幾回，易達說，每次到陌生產地，都必定先詢問在地人吃什麼和怎麼吃，能代代延續裡頭必定存在邏輯。他隨身攜帶厚筆記本，裡頭抄寫得密密麻麻，猶如葵花寶典。對於探索母親之島的熱情從未疲乏，只因為他始終記得師父提點過的話，「不要忘了自己是誰！」透過吃，不只是要帶客人走向遠方，更重要的，是讓每個人在當下都能感受風土給予的理解和愛。

雄合味

挑食的團隊陣容龐大，比起傳統廚房內角色分明，這裡更在意的是水平式交流。廚房拆分成 5 個區域，由不同人負責，但會定時輪調，另外還會再打散成發酵組、製麵組、種植組和採集組，有固定的員工訓練日，大家互相腦力激盪刺激新想法，也行大量盲飲和盲食，目的只有一個，拿掉框架。他很清楚，比起耀眼的孤星，群星集體綻放的光芒絕對更恆遠美麗。從食材面來看，法餐與在地食材共振的精神他也努力執行，挑食每季使用南部當令食材的比率已超過六成，並持續朝拉升至八成努力，極力縮短產地與餐桌間的距離。

再進一步拆解易達設計菜單時，是如何將龐雜的靈感轉化為系統性的烹飪脈絡，他也分享了幾個原則，好比冷肉加酸，非常適合用於設計開胃菜，因為酸味帶刺，會帶動唾液分泌，能快速聚焦，海鮮或肉類都能玩。海鮮除了生食，保留鮮味是最高原則。大量使用風乾、煙燻、醃漬等技法來襯托菜餚，並強調餐盤裡的族群融合，結合各族群的飲食特色來進行碰撞，好比客家人的漬山豬、老菜脯，閩南人的西瓜綿、鳳梨豆醬、高麗菜酸、破布子、蔭瓜、糖醋蒜，外省風味的金華火腿、湖南臘肉、肝腸、臭豆腐乳，原住民的馬告、刺蔥、鹽膚木，新住民的咖哩、蝦醬、魚露等等。

料理過程我喜歡易達用山當隱喻，所謂見山是山，指的是廚師與每種食材的相遇；當見山不是山，代表開始跳脫常規，發散五感，嘗試新的排列組合；最後見山又是山時，概念已精準收攏分類，回頭開始埋首創作。吃完易達的菜，會感覺自己好像又離土地更靠近了一點。

如果你問南國孩子的熱情是什麼，那就是一切都直接來真的。

餐酒・跨界 創作料理

好市集 Le Bon Marche

創作料理

　　隱身在高雄老城區、哈瑪星港口邊百年老派洋樓裡的「Le Bon Marché 好市集手作料理」，係由主廚黃穎與太太劉天心共同打造。黃穎從踏上傳統法餐的習藝之路初始，即同步跟在大師旁當學徒，從 La Vie、La Maison 到 Chianti，從法餐到義菜，他偏執地埋首在歐洲料理的系統中不斷地爬梳脈絡，找出食材與文化之間的共融性與撞擊點。

　　開店後菜單以南歐地中海式風情料理為基底聚焦，再大量活用地中海沿岸居民和港都老高雄人都熱愛的海鮮元素，在島嶼與海水裡巧換概念，以新鮮豐富的素材進行跨界創作，好比西西里島人喜愛的酥炸沙丁魚搭葡萄乾蘸酸甜醋汁，到他手裡變成轉以台灣肥美白帶魚和柔和的日本酒粕醋取代，吃的同樣讓人飄飄然，客人每一口的神遊，都能準確接收到黃穎想傳遞出來自風土的訊息。

　　以小窺大，黃穎的靈感始終環繞在「情境」、「素材」、「身體感受」三者間打轉，全身帶著某種華麗又不羈的氣味，一如這棟洋樓被保留下來的歐山式屋頂、白色水平飾帶柱身和英式磚牆，時空交錯，古典也摩登。午休時，他常窩在餐館二樓角落一隅的書桌，翻食譜，

提供餐會客製化服務，也玩出攤辦外燴或快閃，homey 又 chic 的好市集。

想菜色，桌上散落筆記，書櫃陳列著各國飲食大家的著作，知名主廚任全灘師傅是他尊崇的前輩，他回憶道，早期沒有料理字典，他看到任師傅備有一本中法文字典，裡頭永遠標註滿滿跟吃相關的單字，這也深深影響了日後的他，要求自己不斷挑戰也挑剔雙手與味蕾的同時，腦子要保持想像力。

堅持自製和「玩」香料都是黃穎的強項，玩醃漬或打泥他說是因為喜歡用任何方式把香氣隱匿進菜餚裡，好比那些容易搶鋒頭的辛香，不走大鳴大放，反而是在菜餚收尾時產生餘韻，並把所有食材兜在一起，其實更難。拿手強項海鮮他更是玩得不亦樂乎，除了勤跑漁港搜遠洋漁獲，台灣優質食材他也都有門路，黑橄欖鰻魚醬煎烤海鱸、西班牙油煮蝦、黃雞魚搭烤 Romesco 紅椒堅果醬、義式水煮魚、章魚石魽乾蒜苗南歐燉飯等，東西方混融的傑作就從每季菜單裡全變出來。跳到牛豬禽鳥也照玩不誤，預約才吃得到的超人氣慢烤帶骨牛小排、法式土魯斯和巴斯克辣味煙燻的香腸雙拼、Goulash 燉牛肉、法式豬肉抹醬可樂餅……菜單跟隨著黃穎的腦內狂想翻新，同時這裡還有各色好酒可供配搭。

友善土地的農夫市集也是他會出沒的地方，他說與農友的第一線交流，協助自己對於「當令」有更深的認識與判斷，好市集同時也是綠色友善餐廳，將空間不吝分享給優秀職人與小農陳列產品，老屋與綠食，來這吃飯如果有置身歐洲鄉間某處的美好錯覺，都是因為溫度。

　　　　　　　　　　　　　　　餐酒・跨界 創作料理

宵夜

091

四口田手作麻辣

麻辣綜合・雲蒸臭豆腐

翻閱「四口田手作麻辣」老闆阿田的餐飲履歷，她在圈內闖蕩超過十五年。嗜辣又喜歡鍋物的她，21 歲即勇敢創業從無到有，早就在高雄交出一張燙辣的耀眼成績單。從新堀江商圈擺攤，一路兜轉，挫折不斷，阿田總是越挫越勇，努力創作「連市井小民都能消費得起的經典麻辣美食」成了日後她發展品牌時重要的核心價值。四口田於二〇一七年尾開幕，店名有雙層涵義，一是「田」字是疼愛她的阿嬤常喚她的小名，個性也如田壤，穩定踏實，二是每天都要經手的豆腐，備料時需從中間劃開十字，切分為四口之田。對顧客來說也方便好記。

阿田極富實驗精神，走進廠房，擺滿來自各地、用途迥異的中藥材和豔色辣醬辣粉，她以舌以身全心投入鑽研嘗試，最終讓她成功找出麻辣湯頭的黃金比例。從一天賣不到 200 元到現在一天賣出遠超過 200 碗，客人遠從各地專程造訪，一路走來，帶領著團隊向前勇闖，穩定的品質來自堅持，和她守護著的初心。鎮店的麻辣湯頭順應台灣人愛喝湯的文化，經過多年細調終於搞定比例，當天現煮現賣，湯頭結合數十種不同中藥材和醬料，從炒醬、下料、翻攪到熬煮，工序繁雜費時，輔以獨門祕方，層次豐富的紅湯入喉後，滋味醇厚滑順但不死鹹，且辣度溫潤完全不燒喉嚨。

老闆的個性決定了食材的命運，讓八方四口，在紅田中匯聚。

　　招牌麻辣綜合以好吃的鴨血和臭豆腐打底，另外搭配金針菇、木耳、豆皮和獨門炒製的噴香肉燥來呈現，也可再自行加點食材，以及先炸後烤，比市面更加酥脆的老油條，如果再加進邪惡的泡麵，打造出專屬於自己的五星級街頭麻辣火鍋，那可就不是區區滿足二個字足以形容的了，近年還推出更帶勁的泰式冬蔭和麻辣椰奶鍋。

　　另一樣也是超人氣的雲蒸臭豆腐，來自上海家庭飯桌常出現的菜餚「清蒸臭豆腐」，最大特色是臭豆腐用了台灣不多見的「手包豆腐」來做。手包豆腐口感是實中帶柔，為此還專程到台北南門市場找貨，她說這家老店發酵前的傳統工序絲毫不馬虎，且使用的蔬菜滷水讓豆腐發酵後的氣味特別秀異迷人。拿回高雄後，還得經過二度低溫發酵，讓臭香氣能再更細緻地轉化，也是讓豆腐體透過低溫再適度分解蛋白質，讓口感達到最佳狀態，溫度設定在 25 度，發酵 7 天。上海傳統吃法，會用加入金華火腿丁的雞高湯來蒸炊臭豆腐，四口田則是以自熬豬大骨洋蔥高湯和祕製醬汁打底，提鮮的材料有從南門市場萬有全帶回的家鄉肉，還有碎切香菇、青豆和店裡招牌的麻辣肉燥和青花椒醬。用中火蒸炊 17 分鐘，過程中外型呈現不規則擠壓狀如雲朵般的手包豆腐，孔隙會被醬水和配料裡各色奇香填滿包覆，來套白飯加隱藏版口水雞搭配著吃，太過癮！可以說臭豆腐在四口田，被阿田雕塑出了一層又一層獨特的美麗風貌。

092

苓 雅 區

鴨霸王國

溏心蛋・各色煙燻滷味・鴨血糕

「鴨霸王國」是由來自屏東的康家人共同點燈，英文店名取作「a-ba kingdom」，聽起來同樣氣勢磅礡，攤頭琳瑯滿目的煙燻滷味，也的確撐得住這響亮招牌。細細回推，康家從上一代開始即兵分二路，於屏東六塊厝的凌雲新村和頭前溪的傳統市場開疆闢土，賣以煙燻及鹽水熟食，也兼作雞鴨買賣，那是王國的雛形。被三代祖傳滷汁澆灌長大的下一代有三兄弟，從小都得凌晨4點爬起床幫忙備料，出社會後對於是否接班都曾遲疑抗拒，但最終仍選擇齊力接下飄香權杖。

如今王國版圖擴及高屏二地，兩個弟弟持續鎮守後方廠區負責備料與出貨，大哥則在高雄打前鋒。他們很早就看見家族傳統經營模式會在未來式微，於是積極轉型也縮減品項，現在只聚焦在家傳的煙燻滷味好好經營。店名與招牌靠自家人電腦繪圖設計，專用的保冷式工作檯與燈箱找人訂製，翻轉出了新機，戰線跟著慢慢拉長，現在散落在高屏各區的幾間加盟店也都星星點點在發光。招牌煙燻滷味，採先滷後燻的涼吃吃法，關鍵在滷汁以雞湯、米酒和獨門調配的中藥材組合而成，中間經過多次改良才

像大圖那樣，把滷味全部攤開，擺成度假風情的派對涼菜盤也毫不違和。

＊附註：照片拍攝於武廟直營店，二〇二三年康家考量家庭人力配置已交由他人經營，但鴨霸明星產品仍由他們提供給各分店。

找出最佳比例，每樣食材的滷水鹹度不盡相同，但同樣鹹香醇厚。滷好還得用紅糖細細煙燻，燒糖會牽涉許多環境變因，當紅糖的煙氣開始裊裊升起時就得滅火，靜靜讓餘煙裡的甜香輕撲食材並巴上色澤，如果讓火持續燃燒，那焦化的煙氣就會跑出苦味影響到食材。

　　超限量的招牌溏心蛋，得先用滾水煮 5 到 6 分鐘，再放到冷水中降溫，這樣做滅菌效果最好，剝好殼，浸到滷汁中等待入味，再煙燻著色。一口咬下，當軟嫩蛋白裡的濃烈煙燻味和如膠的濃稠蛋黃同時纏綿於舌尖時，實在是太過癮了啊！如果你搶得到整袋裝的，回去冷藏個一兩天再吃，風味又會翻轉。

　　每天早上從屠宰場拿到溫熱新鮮鴨血摻糯米製作的米血糕，和滷得入味豆皮豆干也是必吃，另外由雞鴨發展出的煙燻內臟系列也勢必要嘴裡巡遊一遭，燻滷好的心、腱、翅、舌、肝、皮、胗、頭、腳、脖一字排開展示在攤位上，任君挑選。最後加的醬水也講究，會先淋上一瓢用米血湯特製的鹹醬，再來點胡椒和香油，嗜辣者可再加碼加入用朝天椒特製的辣泥醬，重口味者會再噴灑雞湯滷汁，請務必點好點滿，好好享受過癮至極的啃食樂趣，偷偷說，這沒有冰啤酒實在不行。展示架上菜肉永遠被排列得乾淨整齊，剁切滷味又要同步招呼客人需練就一身從容，造就出行雲流水的身手與談笑風生的姿態。攤頭因為好口碑風生水起，生意想不旺都難。

宵夜

找火紅的林針孅鹹水雞餐車，
參與一場打造給明日的無肉嘉年華

林針孅

素食鹹水 g（行動餐車）

由高雄年輕夫妻檔信博和蘋儀熱血發想出的「林針孅」，是一台到處跑的素食鹹水雞行動餐車。打造的初衷單純，希望能推廣無肉生活風格，吃素，也可以很時髦、很豐滿，不見得要有什麼古典信仰。當週的快閃停靠點信博都會預先公告於粉絲頁，相較店面，餐車的機動性高但備料也更累更挑戰，他們是受到電影《五星主廚快餐車》啟發，仿效戲裡落魄大廚開著餐車巡遊美國各地供餐的模式，出車地點以高屏為主，也會隨機移動到其他城市，大城或偏鄉不拘，有時遇上心儀場地，還會直接找地主洽談，目的就是想讓素食能更快速地走進街頭。

三人團隊各司其職，好默契讓一切不可能都化為可能。信博以外婆的名字林針為品牌起名，賣鹹水素料的靈感也是來自兒時放學，外婆總會準備私房祕滷的香菇頭和猴頭菇當他們的課後點心。林針孅的諧音近似台語「認真孅」（līn-tsin má），阿孅疼孫，如今雖年事已高仍坐鎮後方協助備料，宛如餐車隱形隊長，信博還專程邀請插畫家 Homimi 將阿孅變成可愛圖像隨車相伴。餐車所有品項加總已超過 40 樣，獨門滷製的香菇頭和猴頭菇是必吃，因為費工只能限量販售。鹹水高湯拿高麗菜和昆布打底，輔以數十種中藥材提味，再搭配純度很

你可以把林針嬤餐車看作是小型 Food Truck，或是午後神出鬼沒的 Mobile Diner。

高的黑胡椒粉，藥材組合是林針嬤早年自學研究出的心法，高湯煮完 2 小時還要再泡 8 小時才能徹底入味。

溏心蛋、煙燻豆腸、泰式檸檬雞、鹹水雞等也都是熱門選項，對應台灣溼熱氣候，維持鮮度最難，面對每樣食材細節上的差異都得小心處理。信博固定凌晨 3 點直奔高雄大社和十全果菜批發市場搶首批菜，不冷凍也絕不用隔夜菜是基本原則，跑攤地點如果離開高雄，一半備料會從南部直接宅配運送，另一半則仰賴在地朋友指點採買門路，務求維持最佳品質。辛香料除了一般常見的蔥蒜辣椒外，還準備了薑絲、碧玉筍、海苔絲、蘋果丁、青木瓜絲等提味八小福，淋醬分成「阿嬤ㄟ胡椒鹽」、「祖傳日式胡麻醬」和「紅袍椒麻辣」。帶熱帶水果酸氣的胡麻醬是亮點，多樣熱帶水果打醬後奔放氣味和屏東崁頂麻醬完美融合，鮮明的百香果味讓醬汁變得爽朗清揚，嗜辣者則可試辣度分成三級的紅袍椒麻辣。待客人點好，菜料和醬水入長桶快速人工甩動 15 秒後即停手，因為怕菜會破碎。

也不是甩完裝盒就好，還得妝點。蘋儀還為此研究了「伊登十二色相環」，根據所有菜料的色澤去思考如何調度彼此間的明度和彩度，該怎麼補色對比後會最協調，因此到手的餐盒是真正的色香味俱全，餐車永遠大排長龍不是沒有原因，嬤隊長，您帶領得真好啊！

宵夜

094

小鮮

鹹水雞

「小鮮鹹水雞」是由七十三年次的老闆鄭仁傑所創設，自稱小鮮其實是謙虛了，最早從夜市時期即常常引爆排隊熱潮，現今轉移陣地在北高雄的長谷世貿聯合國大樓後方靜巷裡點燈，熟客們也都默默自動跟著跨區遷徙，這忠誠度，如果沒有幾把刷子可是辦不到的。鄭老闆自國中畢業即開始在餐飲圈打轉，出社會後曾轉行，直到被金融海嘯波及才又輾轉來到高雄，彼時剛好和在嘉義賣鹽水雞的好友重逢，豈料好友現場變成貴人，最後讓他帶著一身功夫南下。初來乍到，家裡剛好可提供水電、也有備料空間讓他製作鹽水菜料的學弟家於焉成為第二個寶地，讓他可

安穩地在夜市間跑攤，他回憶道，當時從沒想過一亮相就造成轟動，還曾有人排到缺氧緊急叫救護車。

創業頭一年，光是前置備料到凌晨夜市收攤，工時就長達 16 個小時，回來睡沒多久天還沒亮就又要殺往果菜市場採買，也是在那時認識了太太，後來兩人攜手成家持續將小攤招牌擦亮。相繼生了三個小朋友後，為了更安穩的家庭生活，遂決定搬到現址，營業時間也做出調整，家族裡手藝高超的嬸婆每週都從雲林下來協助他備料，雖然肩頭壓了甜蜜重責，但也多了家人的溫馨支撐。小鮮的命名很直

古人說：「大珠小珠落玉盤」，這裡是「大盆小盆滿雞袋」啊。

白，「小小攤頭，但食物絕對新鮮。」Logo 是一顆可愛雞蛋，是因為攤頭主力商品都和雞有關，雞胸和雞腿是要角，其他如雞冠、雞卵、雞腸、尾椎等也都各有追隨者，樣樣熱賣。

　　由於他和嬌婆都是處女座，因此方方面面的細節都不放過，乾淨衛生只是基本門檻，菜料擺放位置為了賣相也都講究，等待客人的空檔，配料和醬汁的保冷也都極為在意。當日現宰溫體雞肉每隻都得照他要的標準尺寸進貨，清晨到店後得快速料理好屠體接著冰藏，鹹水入味也得要時間，其餘菜料也都是走完工序後急速冰鎮，藉以維持住鮮度與脆感。將近 40 種選料中，涼麵、豆皮、預先滷製的油豆腐是小鮮三寶，三者共通點就是都完美吸附了湯汁，他們還會在菜單中間隱藏一道叫「新產品」的選項當亮點，不定期輪換，可能是節氣限定的甜薯或鹽烤花生，煙燻豬耳朵、蟹肉、杏鮑菇、溏心蛋等也都出現過，好吃又好玩，而且你永遠猜不到。

　　訂價策略也聰明，抓準了高雄人喜歡平價但多樣化的消費習慣，每樣商品的總量都縮小讓單價下降。選好食材後，接著他們會細細剪切剔骨，用香油和胡椒提味，再綴點蔥蒜和洋蔥後，即開始俐落甩盆讓味道融合，菜盆不是上下猛甩，而是靠手腕巧勁旋個幾圈，感覺盆內哪兒味道還沒滲透就往那裡再加點力道，最後以一順暢手勢把菜料全旋進袋裡。辣度隨君喜好，記得要加進冰涼檸檬汁，那酸鮮氣可是會讓整袋食材都大大加分。

095

藍世界啤酒屋 Focus PUB

牛三寶乾拌麵・剁絲黃瓜牛肉煎餃・
蔥油餅・隱藏版媽咪熱炒

從五福路跨過愛河進到鹽埕區後，很快就會在馬路右手邊看見入夜後才點燈的「藍世界啤酒屋」，這是一間有數十年歷史的老酒吧。從上世紀一九五〇年代，《中美共同防禦條約》的簽訂與美國在台設立協防司令部開始，因地緣政治成為美軍遠離戰場後能暫歇的地點之一，西洋流行音樂和美式酒吧文化大舉從高雄港流入，有別於酒家，以喝酒為主體的酒吧開始在鹽埕風風火火。衛接著這段歷史，後起的藍世界雖然經營權轉過三手，但強韌體質至今仍是老城區內最醉人的老派風景。

老闆是身形魁武、蓄著性格落腮鬍的老闆保龍，大家都叫他 Tyrone 哥。樣貌 Man 酷的他，磁性嗓音光開口講話就會電人，但個性柔軟，說話很幽默。很難想像學生時期他在師範體系念的是美術和外語，也曾是征戰海內外的運動員。退下來後，到國外長住過，回台後在鹽埕開了間有舞池和 DJ 的夜店叫「補習班」，那時店內是走熱炒配啤酒的隨興風格，後來休息了一陣，二〇一二年他再把藍世界接下來做，對比美式酒吧「喝酒為主、酒食為輔」的模式，Tyrone 哥想在這打造出英式 Pub 風格。

許多人對 Pub 存有刻板印象，實際上它是 Public house 的縮寫，有別於 Bar 和

喝酒找 Tyrone，吃飯找媽咪，這是進入藍‧chill 的通關密語。

Club，不只能喝酒，在國外也是社區內重要的吃飯和社交之地，有些甚至白天就開，且對家庭式來客友善。整條路上的酒吧 Tyrone 哥都熟，他說其實二十年前鹽埕的酒吧多有自己的小廚房，只是物換星移，現在多轉型了。他曾在國外接受調酒師訓練，因此想喝各色調酒都沒問題，接手後他主要進行菜單調整，店內特色是「有菜單沒酒單」，增設投幣式卡拉 ok 是要讓眾人同歡。

當酒酣耳熱的眾人被慵懶氣氛包圍，二樓的翻鍋聲卻不斷把暗香往下推，那是店內隱藏版大廚 Tyrone 媽媽正在燒菜。手藝精湛的她是來自台東達魯瑪克部落的東魯凱族人，14 歲就來到高雄闖蕩，練就一身功夫，菜本洋洋灑灑，熟客們點菜時都喜歡暱稱她一聲「媽咪」。

因為先生的外省背景，因此不只台式熱炒，外省料理也拿手。媽咪料理中鹹香蔥油餅和牛三寶乾拌麵都是高人氣，牛腱心、牛肚、牛筋以私房老滷滷製，滷水煮熟後還要關火浸泡再晾涼，如此重複程序一共 3 次才能徹底入味，最後再拿新營純手工日曬、爽彈的太子宮麵來拌，配冰啤酒，銷魂。點豬肉蝦仁或牛肉口味的煎餃來搭酒也極好，是調以特殊辛香的牛肉餡會拌進小黃瓜絲，餃子入口時多汁鮮爽，家常風味熱炒也不遑多讓，客家小炒、蒜苗炒鴨賞、宮保雞丁等道道下酒，炒牛肉系列則是固定向左營哈囉市場的老攤拿肉，炒得軟嫩油香……在這裡，下肚的不只有美食和好酒，更多的是那些可能在萍水相逢裡短暫共享的快意與鬆散，把那些日常裡的狗屁倒灶全吐出來！

宵夜

金葉摸油湯／內門辦桌翔龍筵席

台式傳統辦桌料理

一窺金葉版「黑松大飯店」的華麗變身

走進東高雄總鋪師的故鄉，

快意吃著澎湃辦桌菜的經驗，大抵許多人兒時都有過，在馬路邊用帆布搭蓋篷頂、圍出一個能吃飯的場地，高雄人多稱之為「黑松大飯店」。不僅婚宴，其實從謝神、建醮、入厝、尾牙、喪禮等也都會辦桌（pān-toh，設宴）。廚子師（tôo-tsí-sai，南部對總鋪師之習慣性稱呼）率領水跤（tsuí-kha，宴席上協助備料、端菜、洗碗的工作夥伴）們裡外忙活的畫面，威猛，生動，而習慣自備整組刀具去辦的廚子師，南部也多有人會用華語翻成更傳神的「刀煮師」。高雄內門區素有「總鋪師故鄉」美名，全盛時期就超過 200 位，密度之高，在

地耆老分享，風氣之所以能如此昌盛，源自當地著名的宋江陣。藝陣練完師傅會幫陣頭煮製羅漢菜（內門式飯湯），後來變成鄰里間有重要活動時，就邀請師傅到家裡料菜設宴，再慢慢演變為如今大家熟知的辦桌筵席，重視傳統環節者，還會請師傅在宴客前一天就先過來以主家準備的食材燒幾道菜稱作「吃菜頭」，走過三代、好評不墜的「翔龍筵席」，可說是台灣辦桌文化更迭最有力的見證者。

民國四〇年代李家人即開啟了辦桌事業，彼時老頭家李新正賣豬肉，太太李

阿輝說，辦桌就是一路打怪、
練級、穿裝備的概念，時代
在變，關關難過關關過。

　　張金葉從水跤開始涉足，如今人稱「棧哥」的兒子李文棧也打從 15 歲就跟在
母親身旁學習，最後自立門戶成立「翔龍筵席」。棧哥的辦桌事業燦爛輝煌，
生的四千金中，老三芝瑜在二〇一五年和夫婿呂昭輝一起返鄉接棒，近年更承
襲阿嬤精神，在旗山設立了「金葉摸油湯－辦桌文化工作室」。完整守護傳
統辦桌核心是前提，但夫妻倆也開始嘗試上山下海積極為辦桌尋找新路，從
市集到遊艇，從年菜到跨界合作，我喜歡他們為自己設下的品牌核心：「到
哪裡都要能辦出一桌人情滿溢的菜。」

　　阿輝說辦桌傳統上最看重五條路：豬肉、海鮮、什貨、菜料、水路。豬
肉和海鮮在台式辦桌扮演吃重角色不意外；什貨泛指柴、米、油、鹽和中藥，
從金葉嬤開始，拿中藥材入菜李家都會仔細斟酌，至今甲仙合作許久的百年
漢藥舖仍是夫妻的心頭好；水路則是重中之重，因為必須在進駐前找出穩定
水源與規劃好現場完善的排水計劃，因此不管再遠再累，他們都必定會前往
場勘。然而不管場地為何，順應固定的起、承、轉、合邏輯出菜是他們的原則，
冷盤開場，華麗海鮮多為要角，接著二路菜會以八珍海鮮羹暖客，能有飽足
感的人氣紅蟳或鰻魚米糕前半場就會出去，招牌炸八寶丸則伺機而動。中段
多以湯品開場，收味蕾緩衝之效，佛跳牆、雞仔豬肚鱉、魷魚螺肉蒜或龍蝦
火鍋都熱門，下半場香酥鴨和封肉等經典大菜會精銳盡出……父輩合作至今
的資深水跤們都仍緊緊跟隨，在傳統與摩登間穿梭、飛天遁地的翔龍，龍身
在鑲上那片鍍了初衷的金葉後，彷彿也變得更加沒有極限。

不分類

097

Lee's Second Chapter
李氏第二章

台／西式跨界混搭風情辦桌（預約制辦桌餐會）

　　李氏商行除了提供高人氣的精緻早午餐食，在另一個子品牌「Lee's Second Chapter 李氏第二章」，還有一項不特別對外宣傳、隱藏版的辦桌餐會體驗服務，巧妙將台式傳統辦桌與西方高端餐酒完美融合的功力，放眼高雄，大概無人能出其右，能這樣玩，係源自李家厚實的辦桌背景。商行主理人珮瑜姐的父親李文義，是人稱「阿義師」的廚子師，是有別於山線內門，高雄海線林園辦桌系統的代表性人物，本格派的阿義師年輕時紮實將台菜傳統技藝全鍛鍊起來，成功在正規辦桌路數中走出個人風格，珮瑜姐自己開店前曾長年協助父親打點事業，因此當父女倆聯手辦桌時，威力驚人。

　　身為大女兒的她徹底遺傳了父親的瀟灑與海派，休假時，常偕同妹妹盈璉在眾頂尖餐酒會間醉情流連，足跡遍及海內外，學費不斷地繳，長年在試菜與品酒裡磨練舌尖，最終被她們摸索出了一條無人可取代、跨西跨東創作的辦桌路數。剛開始嘗試融合時，珮瑜姐自陳其實很害怕「沒有正規食譜」這件事，分寸要如何拿捏，文化撞擊後的料理邏輯要如何說得通，都真的難。但她時刻提醒自己要相信父母親「生給自己的舌頭」，當自信累積起來，能玩的事越來越多，就不怕了。不僅食材在跨界結合，食器、擺盤、搭酒的思維邊界也都同時在模糊化，辦桌如果能被視為是某種台式「Fine Dining」的形貌，那西方餐酒能否也想像成是辦桌的變形？只差辦的是圓桌還是方桌的差異，故嘗試跨出的這一步，令人激賞。

　　辦桌打頭陣的冷盤，可以看到切片烏魚子被串上新鮮無花果，或改搭白

由於珮瑜姐熱愛花藝，因此每場餐會桌上的花卉都會對應主題來設計，真是任何細節都不放過。

蘿蔔片、蝦夷蔥和食用花成為迷人法式小點，吃古早味台式黑香腸時，必搭的蒜苗被改成清甜爽彈的蒜苗凍，還飄散酒香，拿無花果、莫札瑞拉起司與油醋芽菜來結合成肉紙誰想得到，以柴魚冷湯和柴魚凍打底，中間栽入當令旗魚捲成的玫瑰花瓣，輔以一球提味的迷迭香奶油，就完美取代了生魚片，而經典酒家菜炸醋蝦拿來蘸熱南瓜泥吃也好優。辦桌菜裡的龍蝦三明治改用法式泡芙來變形，配上李氏私房腐乳叉燒肉，還有經典的筍乾封肉改以加入刺蔥籽的豬五花來慢燉，都勾人心魂。

　　海鮮是辦桌裡不可或缺的要角，李氏巧妙拿常見的海味飯湯來轉換，祕製海鮮高湯的湯水被極度收斂後，疊入煎鱸魚和各色肥美海鮮，奶油黃檸檬和薏仁米的香隱約穿梭，滴上畫龍點睛的野生青花椒油，好吃到讓人想尖叫！辦桌尾端常出現的炸蛋黃芋丸，被李氏拆解成芋泥、蛋黃、肉脯，夾進炸過的刈包皮後，彷彿走進倫敦某個台灣熱的時髦小店……。

　　因為早午餐是主力，因此辦桌餐會並非常態性推出，採包場預約制，最低預訂桌數為 4 桌，餐會形式能客製，如果想邀請出攤也歡迎洽談，加上妹婿是來自巴塞隆納的專業品酒師，因此酒單設計也都在水準之上。只能說這裡的辦桌風情餐會，太美了，美在它難以被定義，也不必被定義。

精功社區 瑤族滇緬風味小吃

瑤族滇緬風味小吃・雲南私房菜・預約制孔雀宴

從異域到餐桌，
以奇幻的滇緬香草料理撫慰最深的鄉愁

　　隱身在精功社區舊活動中心裡的社區廚房「瑤族滇緬風味小吃」，主理人朱秀英，人稱「字大姐」，提供的滇緬私房菜餚乃揉合自父系與母系的家族背景。父親是雲南昆明人，當年因為中國政局動盪，漏夜跪別母親，告別了家人，翻越大山順著湄公河逃難，沿途餓了就吃香草果腹，因此父親長年告訴字大姐，香草是我們家的救命恩人。母親則是瑤族人，幼時和家人住在中寮邊境，某天在田邊玩耍遇到國民黨政府的撤軍隊伍，陰錯陽差被拎著，一路就被帶到了台灣，再和她的父母見到面已是三十多年後的事，母系家族如今仍多數住在泰北清萊府的美斯樂地區。當歲月裡的哀歌幽唱，餐桌上一道道以滇緬奇幻香草重現的家鄉料理，撫慰的是內心最深的鄉愁。

　　當年初來乍到，社區仍是一片石灘地，幾十年來陸續透過各種管道，先是向仍住在泰、緬、寮交界俗稱「金三角」地區的親友們蒐集家鄉香草，兩岸開放初期，父執輩返回雲南後也暗暗將種苗或截枝帶回來栽種，就像香料拼圖般，如今滇緬常用的香草如馬蜂橙葉、羽葉金合歡、嘎拋葉、老緬芫荽（刺芫荽）、魚腥草、芭蕉花、糯米香、花椒葉、辣蓼（叻沙葉）、假蒟、密蒙花等，在社區內都能找得到，許多嫁來台灣南部的東南亞籍外配，如果開了店也都會跑來這挖寶，幾乎家家都有自己或大或小的香草園，字大姐笑說，以前父親總是吆喝她到後面「園圍頭」大冰箱找東西，園圍頭雲南話意指後院，被父親當成大冰箱是因為香草滿園野放。

滇緬料理素來以酸、辣、鮮、香為人所稱道，以大量區域性的香料來變化與堆疊菜餚滋味。實際上滇緬只是個概念，不單指雲南，而是融合了四國九族（前面李家米干內文有介紹）彼此連通的飲食文化，香草是其中一個重要的媒介。香草除了直接新鮮使用，也會透過舂搗、製醬、發酵、染色、研磨、油漬、炒糊、涼拌、燜煮等料理手法進行風味層次上的變化，與不同食材相互撞擊後，撞出的千百萬種排列組合非常迷人，因此調味料相對也用得簡單，主要常見的是以黃豆蒸煮發酵後製成的水豆食醬，或用調味搗泥手捏塑型日曬的圓餅狀乾豆食來變化滋味。而這些都已被字大姐玩到出神入化，好手藝全展現在她的私房料理中。

帶著蔗甜與雲南野胡椒辛衝氣的火燒涼拌、做工複雜麻煩的招牌豌豆涼粉、純米製作搭著番茄紹子吃的手工米干、延伸出的紹子粑粑絲和過橋米線、半油煎的酥脆椒麻雞、被稱為「逃難菜」的包料魚、滋味鮮香狂野的牛肉乾巴、油煎香料酥肉與老薑水酥肉湯、有別於泰式風情的涼拌青木瓜絲和錦薩嘎拋肉、以羽葉金合歡做的臭菜炒雞蛋、拿芭蕉花蕾同豆食餅或雲南水醃菜同炒的熱菜⋯⋯這些都還只是字大姐說不完的雲南家常菜，也能提前和她預約品嚐更華麗的「孔雀宴」，包準味蕾跟著展翅高飛。她始終記得父親的提點，只要專注投入，菜會自己說話，菜能教你做人、處事、用情和傾聽。

小孫子不叫她奶奶，而是喜歡親暱地喊她聲「大大」。經歷過離散的人生，心總是特別開闊。

099

皇都飯店

梅漬豆乳台式炸雞・酸筍絲炒大腸・筍乾扣肉・
芋蒸排骨・芋梗花生排骨燉湯

民國六十六年在甲仙點燈的「皇都飯店」，草創者是皇都的頭家孃、在地人暱稱一聲「阿錦」的陳徐昭妹女士，也是飯店內第一代掌杓者，回推其精湛身手，養分都始自娘家。兒時看著母親在新竹客庄與眾人操持辦桌細瑣，也逐步累積出紮實基本功，夫家姓陳，是很早就從苗栗移居到甲仙採樟的家族，嫁進來後，先在老街上開了間山產野味的摵仔麵（tshik-á-mī）店，那是皇都原型，交由兒子陳誌誠接棒後，誌誠大哥掌管店務晃眼也三十年過去。遷到現址後，經營型態轉換，但核心不變，持續結合節氣和風土，帶著飯店內招牌的客家和山野料理與時俱進。

由於山城地處偏遠之區，除了平時提供豐盛合菜服務團客外，他們也替外派到此或不便煮食的在地人留了盞晚上回「家」吃飯的燈，夜間搭伙已持續四十年，6點準時開飯，區公所和甲仙國小老師至今都還有人會固定來共餐。飯店裡，牆上掛著的老照片像時光牆，老保險箱、糕餅壓模、黑膠唱盤等也都被細細收藏，念舊的誌誠大哥講到母親辛苦處，淚珠在眼角打轉，有情，也讓皇都變成了不只坐擁山野珍饈的溫暖食都。

皇都經典菜單 X 陳家友善香草園，「拈花惹草」的功力無人可匹敵。

靠山吃山，梅竹芋堪稱甲仙三寶，主要是指青梅、麻竹筍和旱芋。梅漬豆乳台式炸雞是經典吮指之作，點綴了醃梅的熱燙雞塊，澆淋好特調甜酸梅汁和梅醬後會火速上桌，另外結合時蔬和陳家自種香草，以青梅和梅汁變化的時髦沙拉盤，滋味輕盈爽揚。此外從刺竹、麻竹到後期現蹤的外來種馬達加斯加巨竹，甲仙與竹的淵源可謂深厚，秋冬時節山城裡曬筍筍埕曾星星點點。筍管和筍尾拿來入菜都好用，筍乾扣肉，選用鄰近五里埔的鳳尾筍乾來搭配滷肉，鮮嫩入味；而為了拉長竹筍賞味期，製作酸筍和醬筍的工夫也是一流，皇都將經典的客家菜薑絲炒大腸，以酸筍絲取代薑絲來結合炒得爽脆彈口的豬腸，筍絲醃漬後的天然酸甘氣和客家黃豆醬的鹹香完美融合進菜裡，是十足的下飯菜。而店內也擷取粉蒸排骨概念，事先將芋頭和豬小排以熱油過炸後，澆淋私房醬汁再入鍋蒸炊出的芋蒸排骨也是高人氣，想吃得先預訂，搭著芋頭鹹粥一起吃會尖叫。早年常被農家棄置的芋梗，經過日照曝曬成乾散發獨特的清雅香氣，拿來和排骨及花生一起慢煨，整碗湯緩緩下肚，暖心暖胃吶！

皇都不只好菜吃不完，八八風災後，陳大哥還將自家閒置的農地轉型成為芬芳宜人的友善香草園，忙碌之餘，他也花許多時間在這帶香草導覽和體驗，用十來種自家香草製作的香草包熬煮的高湯風味獨具，因此皇都還能吃到採客製化預訂的香草鮮蔬火鍋。飯店與香草園，彷若整座山城的縮影，標誌著甲仙人面對環境時的勇敢與堅毅。

不分類

德哥獵人倉廚（阿德牛排）

預約制半燻烤梅子雞・厚塊牛排

沿著蜿蜒山路抵達甲仙、這個帶仙氣的芋色山城後，除了皇都，德哥隱藏版的超人氣料理，私房半燻烤梅子雞，絕對不容錯過。人稱「德哥」的老闆鄭添德，是道地甲仙人，生在甲仙，也立足於此，初初從事山產料理經營，八八風災後將重心移往自己開的牛排店，一晃眼就是快三十年過去。鄭氏家族是南遷的北部客家人，當年父親一路南下，最後輾轉落腳甲仙，生的四兄弟如今也都還住在山城中相互扶持。承襲了老么的多思與靈動，已 50 多歲的德哥，陽光開朗且鬼點子特多，山居歲月除了忙碌於自己的農地、畸零地弄個小店面賣起

的深夜牛排外，招牌的半燻烤梅子雞更是值得專程千里而來。

德哥是拿廢棄的不鏽鋼圓筒改造成烤爐，燒烤使用的是甲仙山區的「梅仔柴」，和當日早晨現宰、小農飼養的放山雞。仍處於半溼狀態的梅木劈柴後就直接堆疊生火，此時會製造出帶有清雅梅香的大量白煙，慢慢地燻，直到氣味完全巴附上去。烤法也講究，烤之前全雞會預先剖半但不斷成兩半，雞身攤開後先烤內層，再翻轉方向續烤雞皮直到酥脆，當雞身形成一凹谷時，逐步滲出噴香雞汁和雞油會順勢全往谷底匯聚，

德哥說以前只要抬頭看到誰家屋頂在冒煙，就知道誰家正在烤梅子雞。

此時他會小心翼翼將油水精華全蒐集到碗中，調以黑胡椒鹽和檸檬汁成醬汁備用。全雞烤好會先分切成小塊，再把調味好的雞汁澆淋回去，皮脆、肉嫩，隱隱約約勾人的梅子味都使得舌尖上的餘韻不絕。雞肉就算冷了也好吃，但因為太費工，想吃須提前預約。德哥笑說，自己常常嘴饞烤來吃，烤好，酒開了，呼朋引伴，半小時內，大夥就會陸續從鎮上過來，圍坐在德哥的露營農場裡暢聊，這等享受完全就是山野裡才會出現的豪氣。

　　預約制烤雞只賣到傍晚 5 點，如果得空，他就會讓小牛排店開門營業直到午夜，堪稱是甲仙人的深夜食堂。德哥選購的是厚塊牛梅花，剪成骰子狀，煎至五分熟，封住肉汁，灑上海鹽，放進燒熱的鐵盤即上桌，因為油筋有處理，吃來緊實中帶嫩且油潤芳香，同樣品質，市面上估算至少要多花一倍的錢才吃得到。附白燙麵、半熟荷包蛋和紅茶，淋麵的黑胡椒醬和蘑菇醬都自製，特別吃法是記得要向德哥要一些他用野生小辣椒、朝天椒和祕製豆腐乳調和的私房辣醬，拌麵或配肉都很棒，吃完包準讓你熱辣滿點。

　　東斜西槓的他，除了上述事業，也釀野生蜂蜜，本身還是義消，也常帶隊去走鄰近山區的生態導覽或主題式小旅行，參與者還有機會能遇到他做的「獵人餐盒」，靈感係從早期家中的農夫餐盒轉化而來。積極參與地方事物的他，始終對故土懷抱濃情熱愛，看來他會一直用雙手努力守護甲仙下去，在愛的力量裡，人顯得無比強大。

　　　　　　　　　　　　　　　　　　　　不分類

101

前金廟切仔担

獨門風味台式料盤・担仔麵・黑白切

堅持不做熱炒，
保留下「切仔担」美好原型的人氣老店

來自嘉義鹿草鄉的王家，早年舉家輾轉南移高雄後，老頭家起先是在高雄港務局開堆高機，民國六十七年開始在現址兼賣起本產羊肉料理，店的對面就是主祀清水祖師爺，前金知名的萬興宮，在地人都習慣稱呼為「前金廟」。彼時高雄市中心早已從鹽埕跨過愛河東移，老頭家眼看著前金區遍地繁華，剛好有緣得到一台南朋友相助，雖然家鄉不靠海，兒時庄頭也沒有吃切仔担的風氣，但他也嘗試賣起切仔料。最早攤頭主打摵仔麵和米粉湯，僅拿魚豬內臟做切料簡單配搭，隨著生意越來越好，品項也開始逐步擴充，但他們堅持不做好下酒的熱炒菜，菜餚以涼拌、燉滷、醬燒、火烤、漬醃來表現，再加上自製的私房蘸醬，已接棒二十多年的兒子王昶智說到這塊時可是拍胸脯自豪著，因為這裡始終仍保有著切仔担最美好的原型。

從小王老闆即開始幫忙家裡，15歲選擇從軍，26歲退伍之際，眼看父親身體狀況走下坡，於是決定返家承接家業。軍人性格帶起玲瓏小店絲毫不衝突，反而用餐環境格外整潔清爽，廚技也透過按部就班的穩定「操練」，讓端出的料菜道道活色生香且原汁原味。推出的品項隨著時代更迭與客人偏好不斷在增減，

從第一次來變常常來，被人帶著到可以帶人點菜，在這裡司空見慣。

如今汰換後留下的，每樣都是招牌。帶有醉雞和白斬雞影子的涼油雞是店內獨門風味，選用生長期 60 天的跑山公雞，只拿雞腿部位去骨製作，有別於一般蔥油雞是白斬後疊上蔥絲再澆熱油，這裡是將冰鎮過的熟肉澆淋帶鹹雞汁和紅蔥油冷吃，滋味美妙。

系列烤物也是店內一絕。招牌烤鹹豬肉，溫體三層得先用獨門醬料漬上一週，剛烤好，皮脆肉嫩，蘸特調醋汁搭著生蒜片吃，太下酒。烤雞翅也是必吃，去尾的二節翅先下鍋微炸鎖住肉汁，再上烤檯翻轉炙烤，撒上椒鹽，快烤好前表層還會再快速刷抹醬汁，根本意圖使人把手指吮破！烤味噌油魚則是先把魚用味噌、糖、酒調和的醬料醃漬一週，當天再小火慢烤出風味，在這要烤大蛤烤牛小排也沒問題，而先蒸後烤的秋葵鑲旗魚漿則是四到九月季節限定菜。早期烤爐尚未進駐時，烤網就架在圍牆邊，裊裊升空的煙氣彷彿都能和對面廟裡的香煙連成一線。

老饕關注的生猛青蚵仔盤，拿午後急送高雄的東石剝殼乾蚵來做，滋味濃郁奔放，因為夠鮮，所以完全不腥，搭配的特調醬料得用醬油膏、酸醋和糖水來兌，輔以蔥花和芥末，味道奔放威猛，但如今這道已棄明投暗變成了真正隱藏版，可遇不可求。脆甜嫩口的章魚、沙茶蟹腳、鯊魚煙、豬腳、鳳梨豆醬鯽魚和漬鹹蛤仔等也都是下酒良伴，雖然一路從攤頭擴展到現在規模，但廟口前閒散放鬆的吃喝氛圍始終都在，那些酒食留下的往事，在這可一續再續，不必如煙。

不分類

102

獅山胡椒園

台灣本土黑白胡椒・特色胡椒風味農家料理

以突破性「扦插育苗法」創造新局，
以可口農家菜擄獲人心，

　　「獅山胡椒園」第二代園主陳振山先生，在地人稱「胡椒伯」，陳家來自雲林，八七水災時舉家南遷，落腳六龜的原因是因為這兒層巒疊翠的群山能讓他們忘卻家鄉曾淹水的心理恐懼，如今二甲多的土地上，遍布著胡椒樹和其他作物，在交棒到第三代陳裕隆手上後，這些風土寶貝也讓陳家更安穩地扎根向前。裕隆大哥說，日治時期就曾有人將胡椒從印尼引進北台灣種植的紀錄，但因為溫差過大遂移到南方。民國六十二年，陳振山因緣際會自屏東農專（現在的屏科大）許博文教授那取得苗種，彼時在台灣許多地方推廣種植都不成功，他帶回六龜後，著眼於不管是氣溫、地力，到牽涉排水的坡度都適合，後來更改以突破性的「扦插法」育苗，胡椒樹剪枝後，將健康茂盛的氣根插入土壤裡培育新苗，結果四個月即開花，再過七到八個月就有果可收，大幅縮短了育成時間，也成為台灣唯一成功培育出本土胡椒的先驅。

　　但最初陳家也是頻頻受挫，後來終於找到問題點是因為胡椒苗不耐日照強曬，有蔭可庇為佳，定植後約莫一年內都要留心，得等枝葉大到足以自行蔭蔽椒頭才行。落葉是現成有機肥，加上胡椒葉本身帶辛衝氣，蚊蠅爬蟲都不敢接近也就無需噴葉，如今個頭壯碩的胡椒樹比比皆是。由於胡椒是多年生藤蔓植物，喜歡攀緣找尋適合的樹木寄生於枝幹，因此裕隆大哥讓枝蔓附著在橄欖樹上，藉以刺激胡椒生長動力，但也有些胡椒不爬逕自向下蔓生，樹也會相形長得矮些。

　　放眼市面上胡椒家族裡的四員大將，視覺上以黑、白、綠、紅不同色澤

不分類

完全曬乾的胡椒粒會發出
可愛嚓嚓嚓的聲音，非常活
潑俏皮。

區分，獅山主力販售的黑白胡椒本是同種兄弟，只是果實使用方式相異，而最後會產生不同風味原因出在泡浸、洗滌、曬乾等工序的不同。整串潤紅帶青的胡椒果實採摘後會連皮拿去進行乾燥，日曬最好，但機器也得備著，天候轉差時要有機動性可銜接轉室內烘乾的備案，曬乾後以木棒脫粒，再二曬，三曬，如此來回，直到果皮徹底脫水漸漸縮黑發皺成黑胡椒粒，裕隆大哥說，維持好乾燥，放上個二十年沒問題。白胡椒則是沒有脫皮的新鮮熟果，改在水中浸潤用手反覆搓揉發酵，褪去皮肉的種子曬乾而得，研磨後白胡椒香氣溢散的速度比較快，也因為黑胡椒保留了果皮，果皮和種子裡的胡椒鹼是製造出辣味的源頭，因此口感上黑胡椒的辛衝氣也比白胡椒來得更鮮明，但共通點是都帶有本產胡椒的生猛勁香，那是人工香料所無法比擬的。

獅山也在住家旁的農舍闢了個用餐空間，提供預約制的特色胡椒風味農家菜。用自己養的放山雞，內外塗抹椒鹽後去燜燒料理的胡椒雞是招牌，手扒最優，鮮嫩雞肉連皮蘸著雞油和黑胡椒吃，很迷人。完全無中藥的胡椒雞湯，湯頭微辣卻順口回甘，半煎炸的胡椒香腸陳家自行灌製，肉裡頭的粗黑胡椒粒畫龍點睛，生胡椒炒豬肚和胡椒蝦則是絕妙私房菜，胡椒葉曬乾後以大火煮開，下點冰糖，再轉小火滾出的胡椒茶則是可遇不可求。

鳥松區

馨窩良行

家常風味定食・早午餐・燉鍋

媽媽味料理，
高雄永續綠色飲食裡的耀眼小星星

不分類

　　放眼台灣餐飲圈裡每年大大小小的飲食評鑑，從地方性的到國際性的，多不勝數，方向和立意皆不盡相同，其中在《綠色餐飲指南 Green Dining Guide》裡，常常能驚喜遇到堅持友善環境的店家，他們以緩慢但穩健的步伐與島嶼同行著，在風土與食物裡實踐永續，讓人激賞，這其中也包含了在 GDG 葉級評鑑中，獲得一葉餐廳殊榮的「馨窩良行 Homelanie」。主理人梁馨予進入餐飲這行已二十餘年，從年輕時即開始累積能量，30 歲那年開了馨窩後，她更加貫徹心中對於風土守護與家滋味的想望。經營核心是選用當令食材，並大量與小農合作，慢慢地也和同樣支持「友善耕作」、「無毒」、「自然農法」和「有機」等概念的品牌越靠越近，如今店內已達九成食材來自這些美好的串聯。

　　打開菜單，所有食材都能安心掌握到來源，優質合作店家洋洋灑灑，每個品牌她都還編排了小版面，希望他們的用心都能被看見。從「日日品。元品」的有機冠軍白米，「陳稼莊」以自然農法水果製作的果汁和果醬，屏東大武山腳下「園漾森林」的鹽醃鳳梨，「蜜匠蜂場」的蜂蜜，「大武山牧場」的安心好蛋，「醃菜．余記」用老派發酵蔬菜工藝製作的酸白菜、高麗菜酸和臭豆腐，「仁允牧場」零藥殘豬肉，「洲南鹽場」的旬鹽花，「湧升海洋」的在地優質水產，乳源來自彰化福寶區「豐樂牧場」、全台唯一由乳牛獸醫

成立的品牌「鮮乳坊」的鮮乳等……馨窩真的好會找，且盡可能地在執行食物里程的縮短，讓客人都能感覺真的像是窩在家安心吃飯。

　　店內主要提供早午餐、家常定食、燉鍋等料理，無任何油炸食物，僅以好醬料來調度食材風味。特別是家常定食類別，會出現麻油拌、酸炒、蔥醬、燉煮等手法，每道料理都各有擁戴者，但全是暖心媽媽味。點定食都會附上一碗安神熱湯，燉湯內容是由年輕時主修中醫的先生依四季更迭來設計，春夏秋冬的內容都不同，結合「藥食同源」概念，幫客人滋養身心。不定時還會出現限定版、菜單沒有的「特別料理」，好比十一月下旬「可能」短暫出現二、三週的「豬肉白玉蘿蔔燉鍋」，因為只拿美濃小農友善耕作出的無毒白玉蘿蔔，貨源稀缺時，寧可不賣。先用白玉蘿蔔、洲南鹽場旬鹽花和少許薑片加水熬出湯底，再兌進她精算出比例的各色醬水變成高湯，待客人點完餐，鍋底鋪上時蔬，接著疊上菜料和用白玉蘿蔔片捲的豬五花，乍看就像一朵朵肉色玫瑰，澆淋高湯後以中小火滾煮 15 分鐘。五花肉裡的油脂巧妙包覆了蔬菜和白玉蘿蔔的甜美，熱湯入喉，冬薑幽微的辛氣壓後衝上來，不僅平衡掉菜頭寒性，也變成衝擊味蕾的小亮點，整鍋吃完，暖心暖胃。如果光是一個燉鍋就有如此之多的細節可講，

那可以想像整份菜單馨予不知放進了多少的愛。

　　在這裡吃下每一口食物後，都會有自己被好好重視與好好照顧到的美妙感覺，然後理解了和土地連結的方式，不在高遠，而在啟程。

在馨窩養胃，養氣，養心之後，再用自己的方式將這份愛還給土地。

不分類

日月星土雞城

鹽酥炸雞・豆腐乳炸雞

阿蓮的超人氣鹽酥炸雞，不在路邊攤頭上，在土雞城裡

老闆陳睿騰是田寮人，求學時本科唸土木工程，後來受到姐夫號召，人生才毅然轉了個大彎改學做吃，跟在姐夫身邊見習三年，他無私傳授開店祕訣，出師後很快決定自立門戶放手一搏。最早土雞城是開在田寮的月世界，輾轉去到梓官，最後選在阿蓮生根，店名取作「日月星」，最初構想有點浪漫，是希望顧客不管是在日昇之時，抑或是與月光和星辰相伴，都能想到他們的美味菜餚，如今下一代也加入並肩作戰，日子一晃眼近四十年就這麼過去。

店內主打的雞肉料理主要分為乾炒和燉湯兩類，客人點餐時多豪邁地以「一隻」為單位，吃法多變，可三杯、鹽酥、蜜汁、蒜頭、豆腐乳、白斬或鹽焗，周遭從大社觀音山到燕巢、田寮、路竹等地土雞城強敵環伺，他們卻以招牌的鹽酥雞和豆腐乳炸雞殺出重圍，讓許多人願意專程過來一享吮指的快活。雞肉嚴選自鄰近地區的跑山雞，抓四個月生長期、大小約 3 斤半的重量，只要母雞，最好是在下蛋前因為肉質最為軟嫩，每日現宰後的溫熱屠體會在清晨 4 點前直送。

招牌猛然一望，看成「明
星」土雞城也無不可，星光
全在炸雞上，造光的人總躲
在幕後。

　　招牌豆腐乳雞是陳老闆自行發明的巧心之作，關鍵靈魂是那特調的腐乳
醬。調醬裡，除了早年在桃園大溪找到一老舖所製作的豆腐乳是主角外，還
會加進了能提出甘味的甜菜，以及從老闆娘娘家中藥行配置出的私房中藥粉，
滋味濃郁卻不膩口。炸物因為要控溫，所以廚房裡的工序特別講究流暢度，
單子進來，快速剁切好雞肉去蘸腐乳醬水時，快速爐也同步開火熱油，相較
家用瓦斯爐，快速爐升溫快，一旦油溫達標，即下鍋速速酥炸，只要時間差
掌控得宜不炸過頭，炸到外皮脆酥，肉汁全被鎖在肉裡，帶腐乳甜香的雞塊
太下酒。另一道招牌是鹽酥雞，靈感係從日本美食節目裡催生，同樣拿鮮宰
全雞切塊後酥炸，但外層裹得粉液異常薄透，所以炸完不會因為太吸油而顯
得油膩，外酥內嫩還隱約透散蛋香。一般人上土雞城多是以三杯雞為目標，
但內行人來這，期待的是拿整隻全雞酥炸的鹽酥雞，外帶者頗多，但多數都
抵擋不了現炸的香氣，直接上車就捏來吃。

　　雞湯結合金線蓮、剝皮辣椒、冬蟲夏草、筍角可以生出近 10 種變化，特
別是陳年菜脯雞湯，用的是自家鹽醃日曬入甕，來回多年重覆工序照顧，慢
慢讓風味轉化而得的老蘿蔔乾，湯頭鮮美。熱炒類林林總總，也是隨君喜好
自由配搭，有趣的是菜板上青菜類因為跟隨季節調整，且部分菜源取自自家
農地栽種的無毒蔬菜，所以會用魔鬼氈動態替換，南瓜刮籽切塊裹粉酥炸後
輔以鹹鴨蛋黃油爆的金沙南瓜好吃，萵苣煎蛋和清炒甜菠菜則是冬季限定，
也可再炒盤半天筍或檳榔花，整桌就豐盛圓滿了。

　　　　　　　　　　　　　　　　　　　　　　　　不分類

來嘗試南方貼地的雜菜餐食文化，
雜出美感的古早味攤頭

105

三民區

番仔明

古早味雜（什）菜

來自台南的老闆林銘泉，個性豪爽，理著平頭的他，為了方便，常穿哈倫褲搭藍白夾腳拖，坐鎮攤頭時的霸氣看似懾人，實則一開口就充滿了草莽式的南方柔情，從料理到個人都自帶風格。6 歲即搬到高雄，一輩子都在餐飲圈裡打轉，最早賣的是八竿子打不著的土魠魚羹，接著在鳳山做起切仔担生意，曾受邀赴海外做技術指導，回台後，人生經歷一陣高低起伏，輾轉來到十全路古物市集擺攤，賣起超人氣的雜菜、炸八寶丸和綜合滷味等才逐漸安定下來，一晃眼十年已過。雜菜湯頭會因為加進的菜料融合使得味道越煮越厚，這是吃雜菜最迷人的地方，放眼高雄，吃雜（什）菜的風氣始終盛行，林老闆說，幾年前鍋子裡的雜菜品項曾不斷更換，這個風味獨具的「最終版」，裡頭放的食材多是參考熟客偏好，抓最大公約數後落定。

裡頭包含許多食材，鮮美澎湃，好比自己魯的封肉皮、鳥蛋、豆皮、酸白菜、骨仔肉、排骨、菇類、時蔬、車輪、香菇丸、魚漿、油豆腐、菜頭、筍乾、滷蛋皮、臘肉等，龐雜滋味能完美揉合的祕訣除了經驗與控火工夫外，煮完得燜，燜完靜置一段時間，上攤頭後才會越滾越香。食材下鍋順序也重要，比如

攤頭上放的「名片」是一整排應景打火機，很貼地的品牌行銷術。

封肉、鳥蛋、雞脖子得預先炸過，臘肉下鍋前要先單獨用麻油、蒜頭、薑炒出香氣，豆腐類要先下鍋去吸取湯汁入味，光是湯頭裡的沙茶，他就用了6種醬料去調配。吃雜菜最魔幻的地方就在於「認真混加」和「隨興」兩件事同時成立，不是亂丟一通，必須在腦海中精準盤算好味道該如何成功組合，而隨興是指，只要味道契合，那將賣不完的八寶丸切小塊入湯，或把鮮魚肉刮進湯中也都未嘗不可。但每週二下午收攤後林老闆就開始炸肉，公休日也幾乎不得休息在忙碌備料，隨興也來自於那些看不見的嚴謹。

　　綜合滷味一開始是以辦桌菜的筍乾封肉來呈現，熟客吃久了，也開始央求老闆加進自己想吃的品項，因此滷鍋猶如食材聚寶盆，慢慢又跑出了車輪、滷蛋、豬大腸、豬小腸等。八寶丸係拿新鮮豬後腿肉、紅蘿蔔、菜頭和荸薺入餡，綴點豬油丁和蒜酥，以俗稱「網紗油」（bāng-se-iû）的豬網油包好後下過油炸。另外，鳳梨豆醬吳郭魚和大肚魚也是必吃，一般攤位只用鳳梨豆醬去滷煮，這裡還加進甘草、枸杞、當歸等台語說的「藥料」去提味，魚身入味後仍保持完整的要訣是熬煮八分熟後就得熄火，加蓋再燜5分鐘，滾太久魚身會爛。重口味美食必配上一大碗白飯，生意好到常常一早就高朋滿座，開客運或卡車的司機大哥，是寧可冒著臨停被開單的風險，也要衝下來外帶。那是一種可以連心都被好好撫慰的感覺吧，所以要讓自己吃飽，順一整天！

　　　　　　　　　　　　　　　　　　　　　　　　　　　　　不分類

挾帶著廟口辦桌般的強大氣場

阿美姐的熱炒菜裡

(106)

秋美切仔擔

各色媽媽味家常料理・下酒菜

　　阿美姐是在地哈瑪星人，全家在代天宮廟埕前點燈營生已長達一甲子時間，前三十年擔頭由父母操持，爸爸賣著一年製作兩回的傳統土楊桃湯和鳳梨湯，媽媽除了從旁輔助，入冬後還會額外炸些豆腐、小卷、地瓜等炸物藉此攬住客人的心，肥美的蚵嗲特別受歡迎。阿美姐自小耳濡目染，對做菜極具天分，加上勤跑各處試吃自學，也逐漸累積出了自己的一系列招牌菜。菜餚看似家常，充滿媽媽味，細吃會感覺許多菜都似曾相識，但又隱約吃得到她暗藏的獨特巧思，如今早已走出的「美式」風格，讓擔頭成了廟埕前的老牌明星。

　　和先生一早就進市場裡挑挑揀揀，接著進擔頭就開始緩緩備料，空間和手感都在同步熱機。做完午餐這批，稍事休息，日落後才是重頭戲，當從遠處看見他們工作檯上成排的花瓣小燈打亮時，即代表一切蓄勢待發！一方小小空間，默契十足的夫妻倆早以摸索流暢的工作動線，不多話的先生，就檯前檯後稱職擔任副手，小爐熱炒時也由他負責，但整個擔頭的主控還是讓阿美姐來發落（huát-lòh，安排）。小小擔頭根本變形金剛，伴著港邊的海風與夜，菜單從清爽涼拌拉開序曲，目光往下接續整頁的煎、煮、炒、炸，阿美姐變出的菜餚，就是能讓口味再刁鑽的食客都

來趟在地人口中的大廟口，感受南國恣意奔放的吃喝日常。

被乖乖收服，吃到熟，閉著眼都能點菜者，大有人在。

　　光是豬肉就精彩，加蒜苗和酸鮮的花菜乾同炒好對味，三層肉可以用炸的，再拌進香菜、辣椒、蒜頭和白醋，而本身已經下酒的鹹豬肉就直接蔥爆，還有別忘了炸肥腸。海鮮也是說不完，可清蒸個幾隻蟹蟳，小卷炒韭菜花，或做金沙和鹽酥也都推薦，蝦子就熱炒或白灼，別忘了煎條外酥內嫩的海魚，這裡的魚卵除了可以蘸沙拉醬，隱藏版吃法是改用麻油香煎，炸旗魚骨則是酒客不言說的好料，炸好後大火快炒，無敵下酒。想配澱粉者，來盤炒到入味的炒飯，粒粒分明，想炒辣或炒沙茶都可以。熱湯可以請阿美姐拿海魚加蛤蜊來煮，但非常推薦試試豬肚蛤蜊菜頭湯，菜頭煨到軟硬適中，且吸附了各種鮮味，冬夜喝上一碗，特別溫暖。吃法都可和阿美姐討論，她總是從從容容，好像沒什麼是變不出來的，最省心的點法，就是直接和她報人數，稍微提個方向，剩餘的就交給她來處理。

　　忙到一個段落時，阿美姐會在圓桌間遊走，確認大家是否都吃得盡興，豪氣的她也會拿起酒杯與熟客小酌，別看她外表自帶強大氣場，工作檯站久了有時想放個假，但熟客一通電話說要訂桌，她心一軟就又點頭。在這開懷的不只酒客，社區裡的老老少少也都能吃得眉開眼笑，許多孩子她都是看著長大，這個切仔擔有魔力，總是不自覺想一來再來，酒食總能和情意一同暢快下肚，那感覺，特別暖，特別熱。

　　　　　　　　　　　　　　　　　　　　　　　　　　　不分類

南頭河麻油

黑芝麻油・清芝麻油・黑芝麻醬

且看美濃百年家族，

復育本產芝麻腳下的勇者之路

　　吳家是世居在美濃已一百二十年的客家家族，品牌起名「南頭河」是來自中潭附近有個區域叫「三降寮」，寮裡一處水圳之舊名。圳溝匯聚成河是務農者的念盼，早年水利不興，季節性水源都需靈活巧用，田地一年輪番，芝麻成為旱作首選，吳家耕田因為鄰近南頭河，故大家總習慣說要去那打麻油。日本時代中後期，美濃本產芝麻種植進入全盛期，鎮上就有三百甲地、八家小型榨油代工廠先後興起，吳家即為其中一員，再加上菸葉，彼時整個庄內流傳著這麼一句諺語：「收菸（菸葉）、打田（翻土）、耶麻仔（中秋灑芝麻種子）、等過年。」物換星移，水利灌溉系統精良了，但焦點也移轉到白玉蘿蔔、紅豆和橙蜜小番茄上，本產芝麻星光也跟著黯淡下來。

　　台灣目前吃到的芝麻主要由國外進口，吳家榨油也曾在民國七〇年代全改用進口貨，但台灣本產品種不管在品質、口感、出油量、酸度和香氣各方面都領先，因此第四代吳政賢在二〇一二年遂決定返鄉投入復耕。復育之路困難重重，柳暗花明的契機，來自導入了自然農法，他逐漸摸索出種植心法，雖然現在六分地能撐出 1000 斤規模，但仍遠遠不足以供應榨油所需。芝麻喜歡透氣性佳的沙質地，灑種後得輕覆薄土，並在周邊開挖小排水溝防澇，如果發現幼苗過度密集也需盡快疏理，開花後植株要過一次水，長到 100 公分高就得果決斷芯，之後再第二次過水，讓熟成的芝麻一株長 6 到 20 節，每節發展出 2 到 3 對豆莢，政賢哥分享，一株長 16 節，每節結莢 2 對是最佳狀態。

伴手

吳家餐桌上的麻油系列農家菜，那香，就如杜甫說得，人間能得幾回聞啊！

　　炒酥，是榨油首道工序，現在雖已有機器代勞，但火源掌控是關鍵。吳家維持柴燒，產品目前分成黑芝麻醬、黑芝麻油和清芝麻油，樣樣都優秀，三者對芝麻熟度的要求不同，柴火添或減的時機點相形重要。做醬，芝麻炒到五分熟即停手，此時會飄出堅果香，榨黑麻油芝麻熟度則要拉到八至九分，最後再留點空點藉餘溫催熟。翻炒過頭，油耗味和焦苦味會跑出來，炒得時間不足，香氣又無法全然釋放，芝麻炒好後得速速鋪平降溫，冷卻好才能壓輾和蒸炊，芝麻蒸好還得甩鍋翻出空隙裡殘存的水氣，確保都已消除殆盡。

　　榨油時捨棄早年用棉布和在來米的稻稈，改用木板、圓框，以米袋布塞滿芝麻碎，包好製作成的油餅榨油效率更好。體重較輕者踩上去後須握住天花板懸吊握把，斟酌「腳力」把餅壓實，過重者反倒忌諱，怕油提早溢漏，邊拉邊踩，彷若體操與舞蹈的結合。油餅完成後會立著依序排隊上榨油機，有別於常見的高溫熱壓，南頭河仍採用低溫冷壓來榨油，因此壓榨過程不怕油的品質被破壞。5 斤芝麻才能榨出 1 瓶油，過程曠日耗時，榨完還要沉澱一天，現場看著麻油如涓絲般慢慢冒出，會有種難以言說的感動，但復育後的本產芝麻，仍只夠拿來製作黑芝麻醬和年年僅限量一鍋常被秒殺的本產黑芝麻油，其餘油品目前仍得仰賴進口芝麻支撐，但政賢哥已踏出了那令人敬佩的第一步。

嬤嬤覓呀

純干貝醬・祕製干貝燒・手工珍珠餅・饗辣堅果醬

　　二〇一五年才在高雄竄出的「嬤嬤覓呀」，品牌雖然年輕，但優秀產品線很快就成為港都的超人氣伴手禮。創辦人簡曉琛（Grace）分享品牌創設初衷，只是想把母親自幼就常做給他們吃的手撕純干貝醬，這款家傳手藝保留下來。隻身孤闖英國留學的那段年輕歲月，當她熬不過鄉愁時，所幸身旁都有母親飄洋過海寄送的干貝醬伴著，千絲萬縷的愛彷彿都隨著整片台灣海域的鮮味被濃縮進瓶身，用手穩穩投遞過去。干貝是雙殼綱動物的閉殼肌，肌肉結構發達厚實，總是緊緊黏在貝殼上，就像華人社會裡緊密的親子關係，試想那塊圓肉柱想卸下都極其不易了，遑論後面還要手撕，是愛環繞著整個品牌核心。

　　她回首家裡吃醬的背景，全源自母親故鄉澎湖馬公四面環海，拿海鮮窮變的智慧，曬乾或製醬來豐盛餐桌，對在地人而言都算稀鬆平常，彼時是就地取材直接以台灣海域裡的珠貝手撕，對比現在已成品牌明星的純干貝醬，改用北海道鄂霍次克海域的頂級大干貝，風味也全面升級。先以祕法將干貝泡開後，手工剝絲不能撕得太細，也不能取巧預先蒸炊，那都會讓甜味流失，而光是炒法她和先生 Ken 就試驗了上百回，溫控、冒出的泡泡量都是變因，炒完如果還是含太多水，干貝絲會走糊，但縮得太乾又會跑出塑膠感，炒的力道也不能粗魯，得細細剷到鍋底再溫柔翻拌，防止絲肉斷裂。早期母親是

有什麼油就用什麼油，但她最後發現冷壓植物油最能讓干貝絲炒完後的風味保持穩定，也不搶味，因此就算成本墊高也要用。醬裡輔以各色辛香提味，其中黑豆豉得先磨泥，避免下去後鹹味不平均。純干貝拌醬和祕製干貝燒則是以太平洋的珠貝製作，滋味同樣鮮美。

許多老高雄人中秋節時還是最愛綠豆椪，於是 Grace 近年再接再厲，以傳統魯肉綠豆椪為靈感發想出的珍珠餅禮盒，現在是逢年過節前就眾人爭搶。餅裡頭同樣有質地細柔的綠豆沙，神來之筆是取代豬肉的珠貝絲，隱約透著肉感卻是更鮮爽的海味，片得極薄的黑木耳也增添了嚼感，整體口感甜鹹平衡，滋味清朗，高質感讓每顆餅都成了如假包換的珍珠。另外原本針對素食客戶開發的饗辣堅果醬，涮嘴到連葷食者都趨之若鶩，煉好的辣油裡有杏仁片、花生、葵花子、腰果和白芝麻，或烤或炒，漢方香料與四川花椒香從中穿梭，以多種不同香菇複合研磨出的香菇粉就像橋樑，最後會把所有味道都串聯起來。其他如鳳梨青檸果醬、梅香杏鮑菇拌飯醬、紅蘊山茶、龍眼花茶等產品也都各有死忠擁戴者。

很喜歡 Grace 和 Ken 由裡而外嚴謹追求食材和工序細節的態度，從產品味道到禮盒包裝，他們每年都在不斷推翻自己，精益求精，好比特別請設計師將岡山是皮影戲重鎮的意象融進禮盒設計之中，讓客人五感接收到的都是貼地的美。嬤嬤覓呀，媽媽如今也成了自己孩子的阿嬤，當年阿嬤攢（tshuân，張羅）的，現在都早已不只是物仔（mih-á，小東西）了啊！

每樣產品都有吃不完的細節，讓人忍不住也想用義大利語說，Mamma Mia！

(109)

蘇老爺

手工花生麥芽糖系列・雪霰餅・牛軋 QQ 蘇餅

老爺蘇銘義在民國六〇年代初期，白手草創出「蘇老爺花生麥芽糖 yayasu homemade」的雛型，他原是台北人，出社會後先開了間漫畫書屋，後因緣際會，帶著在吳興街賣花生麥芽糖養家的哥哥教他的古早味手藝南遷高雄，從此家族南北以香氣連成一線。最初在前金區以批發起家，麥芽糖廣受攤商們喜愛，爾後一路轉戰，直到在仁武開了店才終於塵埃落定。彼時沒有機器，滋味都得靠手使勁去拉出來，當老爺年事漸高人退下來後，兒女們不捨手藝就此消失，因此「千金」和「少爺」決定接棒，繼續齊心撐持這以糖立基的蘇家宅第。接棒

後姐弟分進合擊，姐姐立棋個性溫暖遼闊，主責對外行銷，穩定俐落的弟弟禾豐就與媽媽一同鎮守廚房。

純麥芽糖膏進來後得先從軟硬度判斷含水量，糖膏需細細拌攪直到水分被徹底帶走，放涼後硬度開始上升，此時糖晶呈現琥珀色半通透狀，接著放上特製機器，以兩支粗壯的人工手臂不斷交錯拉扯，讓空氣趁機溜進糖絲空隙相互結合，糖色會自然慢慢從琥珀色轉銀再轉白。拉扯時間介在 6 到 8 分鐘之間，之後用麵棍以人力將糖塊均勻擀平，再噴灑大量花生碎定型。花生取自合作已超過四十年的燕巢老

製作花生麥芽糖的工序要花整整 28 個鐘頭，魔鬼藏在耐性裡。

廠，花生不抽油，磨碎後油潤芳香且沒有油耗味，麥芽糖內餡也裹著巨量花生碎，糖皮會先像包餃子般進行收口，接著透過人力接龍將糖條快速拉細拉長，最後攤在鐵盤上以螺旋狀一圈圈收合，過程須一氣呵成，因為糖體的狀態分秒都在空氣中變化，稍一不慎很快就會碎裂。內外層都黏滿花生粉除了考量口感，也是在巧妙避開糖條繞圈後可能相互沾黏的問題，整個製作過程就像是看到一條白美靈蛇在工作檯上爬行，準備緩緩滑過香濃金沙。

姐弟倆也在內餡不斷推陳出新，桂花烏龍口味取用了嘉義高山烏龍茶磨粉混進南庄桂花，青梅口味則是運用甲仙農會出產的青梅粉，製造出鹹酸甜的滋味，另外還有芝麻與咖啡拿鐵口味可選，想像麥芽糖沾染了茶香、花香、梅香、堅果香、咖啡香後，彷彿島嶼如繡春色也跟著在鼻息間綻放。收到訂單後才會排程製作，因為講究「新鮮」，每日只能限量供應販售，無人工添加，所以過往四到九月是不賣的，因為糖耐不住熱，現在則拜冷凍設備進步之賜，夏天逐步開始能少量供應。麥芽糖常溫吃最香，急凍後外層變得冰脆又是另一番滋味，雪霰餅鹹中帶甜，胡椒微辛的香氣畫龍點睛，非常涮嘴，如今店內明星商品可謂琳瑯滿目，整座宅院也越發典雅輝煌。

老爺嚴選系列則是媒合了其他理念相同的台灣優質品牌的產品線上線下一起曝光，這份利他利己的共好精神，讓島嶼風土得以隨著好物四方流轉，不斷與新人結緣，等好東西全進了自己肚子，只想說聲，謝謝老爺，您吉祥如意！

　　　　　　　　　　　　　　　　　　　　伴手

110 三郎麵包廠

奶油餐包・西摩利・胡桃鬆餅・阿拉棒

由第一代老頭家陳年澄先生點燈的「三郎麵包廠」，在鹽埕飄香七十年。日治時期他就是麵包師傅，戰後和太太一同南遷，因為看到鹽埕繁華正盛，想落腳大溝頂，於是太太先咬牙向娘家借了筆錢買房買器具。彼時大水溝還沒加蓋，後門一開就能下到溝渠洗衣，老頭家選擇先在知名麵包店工作，太太則推車賣起夾鹹菜的油炸甜甜圈，累積了幾年能量後創業。

店名取作三郎，是因為大夥都喜歡直接叫他「阿三仔」，戰後美援的那段時光，台灣從原本進口麵粉到直接輸入

小麥，政府鼓勵「以麵代米」，政策轉變，麵粉廠陸續設立後，台灣主要的米食文化也開始增添新貌，加上電力開始普及，順勢將設備換成電烤箱後產品線也更趨多元，菠蘿、奶酥、克林姆、椒鹽等麵包都是招牌，也從那時打下了厚實基礎。

一九五〇年代韓戰爆發，美國開始協防台灣後，美軍第七艦隊於高雄港靠港除了進行器械維護與後勤補給外，暫時遠離戰場的官兵，從三號碼頭下船後多順著七賢三路開始整路放鬆享樂，蓬勃的美式酒吧文化外，西餐文化在此時開始改變鹽埕和高雄的樣貌，其中包

含套餐裡提供的餐包。彼時餐包沒有夾餡，而是提供奶油給客人塗抹，到了一九七〇年代，六合路上的知名牛排館，因為老闆同是鹽埕人，找上三郎詢問是否可協助他們製作餐包，三郎遂拿自家招牌甜麵包改良成縮小版，牛排館將餐包拿回後再自行填入如阿羅利奶油或自由神草莓果醬等甜餡，這是高雄爆漿餐包的前身。後來其他牛排館也找上門下單，經過不斷改良，三郎以天然奶油做配方直接製作成有夾餡的經典餐包，終於在民國七十五年問世，千禧年後，台灣團購熱潮興起，冠上「爆漿」之名的奶油餐包被獨立出來銷售，在網路竄紅至今。

第三代老闆陳麗元回憶道，以前都要幫忙家裡送貨，一趟出去，先跑六合夜市送奶油餐包，再順路送吐司去高雄火車站的鐵路餐廳，餐廳師傅偶爾還會偷塞台鐵便當裡的滷排骨給他吃。吃三郎的餐包，外皮烤酥的同時也是在等奶油在裡層熱融開，趁熱剝開，燙嘴的金黃岩漿潺潺流動著，甜香裡帶著些許鹹味，層次分明，又不膩口，和別家的版本就是不同。先凍再烤，最後享受外酥熱內勁涼的冰火口感是隱藏版吃法。如今三郎麵包廠依舊每天準時點燈，由第二代阿水嫂坐鎮，除了奶油餐包，西摩利、胡桃鬆餅、阿拉棒等古早味甜食也都持續供應，小工廠就設在房子二樓，師傅跟了二十多年。而具有烘焙背景的陳麗元，則是在麵包廠斜對面經營「沙普羅糕餅小舖」改販售西點，夾牛奶糖的福氣餅和乳酪條等都是高人氣，店名是以三郎的日語SAPULO當靈感，如今兩家店彼此撐持，要把這條點心之路穩穩延續下去。

111

永豐行

鹽味花生糖・杏仁酥

余家先祖自明朝即從福建泉州跨海渡台，落腳於左營廓後地區，至今仍保存完好的家族古厝已超過兩百年歷史，堂號梅魁，部分牆面以石頭鋪造。已傳承三代的花生事業，始自現在經營者余登印先生的阿公，彼時阿公白天賣著尋常炒花生，其餘時間則化為乩身，讓神農大帝降乩為鄰里解惑。民國五〇年代，北港花生銷往南部進高雄市區前都會先經過廓後，把這當成集散地，全盛時期整區聚集了至少二十家家庭式花生加工廠。左營新路在尚未拓寬前，余家廠房比現在更大，每天不停忙活，後門當時一開直接連著尚未縮水前的蓮池潭，整

個潭面都被外包，拿來種菱角和養魚，物換星移，榮景已逝，如今余家已是舊左營僅存仍在堅持製糖的店家。

余老闆說，最早阿公炒花生是用大灶大鍋，生柴火，用手翻炒，到父親那輩開始兼賣自製的花生油和芝麻油，做麻油料理或坐月子要買油，鄰里第一個想到這。直到民國七〇年代，大豆沙拉油問世，煉花生油產業受到衝擊，進而再轉型開始賣起油炸花生和蒜味花生等花生加工品，也委請專人協助設計能炒製花生的臥筒來取代人工。滾動式的臥筒馬達著實耐操夠力，預熱後會先加進曬乾的砂粒，接著把

小廠房神祕祕，但糖酥一好隨即準備上店鋪亮相。

拌了鹽的生花生也下去，下頭疊好粗木材後，即準備以直火柴燒。臥筒順著火勢繞圈轉動，裡頭花生米跟著彈跳翻熟，高溫的砂粒成了最好的導熱介質，花生不僅能吃進鹽味，也因為有砂阻隔所以不會黏鍋進而發黑發苦，同時又能吸附花生釋出的過多油脂，所以花生糖不會產生難聞油耗味，現在雖不再燒柴，但工序仍照傳統按部就班。

　　當溫度升到大約 130 度時，鍋裡會開始出現逼逼啵啵的聲響，余老闆笑說，這真的是名符其實的「豆在釜中泣」，150 度花生達到最佳熟化狀態後，此時得趕緊將花生全洩出來自然降溫。早期沒有電子溫度計可控溫，都是直接用手把熱燙花生現場脫皮，從香氣和色澤去判斷是否已達理想熟度，弄得滿手都找得到傷疤是尋常，余家珍貴的鹽炒花生吃起來就是更鹹香、涮嘴、來勁，許多識貨的攤頭老闆，如石頭餅、米漿店、蹦米香、剉冰攤等，花生原料也都會固定找他們拿貨。

　　奠基於炒花生打下的良好基礎上，近十年來變成主力的花生糖，美味度更是被熟客廣為傳頌。這裡的花生糖外層脆香，微甜不膩，隱約飄散的鹽味畫龍點睛，很容易一口接一口。鹽炒系列除了花生，腰果和南瓜籽仁也是超涮嘴零食，另外像是芝麻糖、杏仁酥、南瓜籽仁酥等也都好吃，看著余老闆至今仍舊堅守在高溫鍋爐旁，按古法一步一腳印地做實在令人感動，祝福商行如其名，能因為踏實堅定的步伐，永遠走在豐饒平順的路上。

112

山豬愛呷

手工限量柴燒黑糖

連山豬都識貨，
深山裡家庭式製作的傳統柴燒黑糖

　　嘉義縣梅山鄉緊鄰著阿里山鄉，再往南就會接上高雄市的那瑪夏、桃源和甲仙等行政區，因此早年吸引許多嘉義人攜家帶眷翻山越嶺而來，嘗試在高雄落地生根，因此甲仙地區住著為數不少的嘉義人與其後代，其中也包含了陳善營先生一家。善營伯幼年跟隨父母腳步從梅山瑞里出發，帶著滿車家當通過曾文溪上游和楠梓仙溪後，沿著溪底一路上行到如今甲仙區五里埔臺地，先在山區裡的舊草療艱辛起家，直到民國五〇年代，全家才有機會搬到五里埔的聚落裡。善營伯後來娶了同樣來自嘉義、番路鄉人的素琴姐後白手起家，一路務農，奮力打拚，才終於慢慢安穩下來。

　　甲仙地區的風土環境極佳，海拔適中、溫差大、水質好，都是有利於農作物生長的要件。夫妻倆在自家農地種米種菜，順應節氣，望天吃飯，但他們也保持開放心態願意調整耕作觀念，願意慢慢從慣行過渡到無毒再到現在的有機，令人敬佩。冬天收成的甘蔗拿來製作成限量柴燒黑糖的初衷，係來自於善營伯始終難忘兒時，嘉義靠山區的家戶都有自行製糖的傳統，他想延續下去，另一方面後輩也是希望能以黑糖為載體，推廣食農教育。經過初期不斷測試與到處請益，成功率明顯提升後，近十幾年糖塊的品質與產量才漸趨穩定，也因為山豬太識貨，很愛光顧陳家的甘蔗田，因此品牌名稱就定為可愛又好記的「山豬愛呷」。

　　　　　　　　　　　　　　　　　　　　　　　　　　　伴手

拜訪完蔗田，你會深深體會到所謂「倒吃甘蔗」的眞諦。

　　蔗田主要分布在埔尾一帶，以種植帶紅皮的白甘蔗為主，生長期約一年，可連續收成三年，初春落土，冬至後開始分批砍收。採收時，甘蔗以根部最甜，蔗頭多拿來施肥或育種，需觀察芽眼是否健康，蔗肉的糖度會在二、三月時達到高峰，第一年採收的甘蔗因為無須轉換養分供給新芽，因此肉質最甜，降雨量如果正常，甜味飽滿馥郁，雨水太多時，蔗肉含水量過高會帶酸味，如果拿拿非採收期的蔗汁製糖，則可能略帶鹹味。家庭式小工坊優於大型糖廠的地方在於砍收完即立刻製糖，不給蔗肉氧化發酵的空間，早期用牛拖石磨來榨汁如今已改用機器代勞，陳家以龍眼木或荔枝木的柴火慢慢燒煮，濃縮過程分三階段，前期先過濾掉蔗汁裡的雜質和浮沫，接著需不停翻攪加速揮發掉蔗汁裡含的水分，直到成為濃稠糖漿後倒入木模，透過攪拌冷卻激晶得到黑糖，糖蜜不會經過離心分蜜，是最傳統的做法，但難處是費時費工，因此陳家只能極少量供應，賣完只能等明年。

　　山豬愛呷的黑糖，蔗香立體，滋味厚實但溫潤，堪稱極品，如放進料理中，不管鹹的甜的絕對是畫龍點睛。拿自家黑糖和東高雄溫體鮮宰黑豬，以陶鍋慢滷出的黑糖炭火肉燥，是陳家人宴客時才會現身的私房菜，那肉燥飯之銷魂，有幸嘗過者都會念念難忘。推廣食農活動時善營伯的兒子阿銘哥，會教孩子如何用黑糖來拉糖蔥，太太美方拿殘糖捏製的糖玫瑰也是一絕，一家人都在用自己的手，持續溫柔地感謝著大地的給予，人與土，彼此珍重。

發現・山茶 FAXIAN SHAN CHA

台灣原生種野放山茶

　　深入靠山的東高雄六龜，從鬧區通過大橋與溪後，整路會開始安靜下來，公路借飄渺南橫往遠方延伸，半路上有各種風土寶貝，轉進產業道路，拜訪世居於群山腳下的何家人，他們以山茶守護所有已超過一甲子時光。六龜能孵出茶金有其時代背景，民國七〇年代茶農的關愛眼神多投注在武夷、金萱和軟枝烏龍等品種，台灣原生種山茶的推廣大約晚了十年。原本僅單純將茶菁供應給茶商的何家，在第二代何佳薇與她的先生李勇德返鄉接手後有了改變，他們不僅潛心務農，更創立了自有品牌「發現‧山茶 FAXIAN SHAN CHA」，製作與行銷也積極涉獵，希望六龜的野放山茶能成為載體，以風土為師，透過茶文化，連結更多有緣人靠近家鄉的土地。

　　台灣原生種山茶為大葉種小喬木，多在海拔 700 到 1600 公尺間的斜坡地現蹤，耐陰，喜歡生長在闊葉林的林冠下層，而透過野放養出的茶樹，未經過馴化，人為干預降到最低，病樹被自然淘汰後，留下的甚至可達 10 公尺高，在時間緩慢的醞釀下取得的茶葉，實則也是整個生態正向循環後的縮影。何家茶園位在中央山脈尾段，座東向西，屬火山板岩，園內八成都是原生種山茶老樹，夫妻倆從父輩那接手事業後，不施肥也不打藥，也不做灌溉系統，老茶樹就倚賴雨露與霧珠的滋潤，落葉就是最好的有機肥。茶樹旁大量混種了橄欖樹、桃樹、李樹、梅樹、肖楠、龍眼樹等，樹齡都四十年以上，多元

樹種在地底生根後會相互交纏也互換養分，讓最後喝到的茶湯風味深邃迷人。

發現山茶一年僅一採，春季是年度採收季，只採摘一心二葉，5台斤僅能縮成一斤茶葉，無疑是珍貴的茶米。他們販售的茶款，山茶部分依照發酵和烘焙的程度不同，分為喬木白茶、烏龍和紅茶，也找得到炒茶過程以布巾覆蓋燜黃茶葉後的喬木黃茶。建議先從白茶開始品，因為工藝單純、修飾度低，可感受到原生茶自己跑出的個性，以獨特工法輕發酵製作的喬木烏龍，茶湯有隱約帶甜的花香，全發酵的喬木紅茶，入口通過舌面時膠質感明顯，帶蜜味，滋味滑順，而新推出的喬木黃茶採微發酵，香氣裡帶著草鮮與杉木的大地質調，令人驚豔。

採收季結束後，他們會開放預約制茶席，除了體驗品茗之美，更重要的是想帶領大家從茶樹認識整個環境系統，勇德分享，喝茶時前三泡是看工藝，第四杯開始到尾杯，看得就是茶園在照顧茶樹時以系統性管理灌注的細節。自然有機生態茶和施肥出的茶葉最大不同之處是，後者泡出來的底氣較不足，第四杯開始茶味就會開往下墜，因為喝茶講究韻感，風味變化都會在轉瞬間立現。他們也會取大自然中的植物來布置茶席，佳薇獨到的美感讓席間充滿日式侘寂美

學的氛圍，茶禪一味，到訪的人很容易就能緩慢下來。品牌名字取得真好，因為走一趟六龜，發現的何止山茶，更是坐收了天地間的大美，與山野裡那份無可取代的寧靜悠遠。

正所謂柴米油鹽醬醋茶，茶也是映照人生，單品，學著欣賞所有的寒涼溫熱。

棄械從甜，龜魚洄游返鄉紮根的士官甜點師

Wish 興旺烘焙

福龜餅・山茶卡士達蛋糕捲・香椿菜脯鹹蛋糕捲

國中畢業後即離家的林茂興，先進了軍校當士官，26 歲脫下軍服後，決定拾起自身興趣投身烘焙。烘焙不像從軍，那是個花花世界，初初他從蛋糕和餅乾入門，接著學麵包製作，先上台北報了補習班，結束後持續在不同地方鍛鍊技藝等待突圍。會興起返鄉念頭，源自於多年前奶奶的生病離開，讓他意識到陪伴家人的重要性，帶著烘焙技術如願回來後，得到雙親支持，讓他先將家裡客廳的三分之二隔成甜點工作室試水溫，當口碑逐漸發酵，一路打拚，直到遷移至目前店址，時間一晃眼已十年過去。取名興旺，來自父親的心願，因為弟弟

名叫旺成，兄弟名字各取一字，期許他們齊心，人生路上永遠相互扶持。

六龜山城的特性，取得特定食材有時仍相對不易，開店後茂興和太太玫吟相互撐持，經營「戰略」採主動出擊，從網路找靈感、翻食譜書，休假時他們也會開車拜訪產地，激發靈感也累積大腦創作素材的資料庫。福龜餅和帶入在地風土特色的蛋糕捲是興旺力推的品項，特別是茂興創作出的福龜餅，揉合山城與歸鄉意象，以六龜野放山茶入餡，餅皮雖然遵循傳統喜餅油皮包油酥的作法，但在餅皮裡另外加入了用當地茶農炒好

以前手上帶兵，現在手中製餅，人有脾性，食材也是，共通點就是去學習掌握特性。

的茶葉，回來再自行二次研磨成的野放山茶粉後，餅皮多了茶香，清爽口感讓人喜歡。山茶白豆沙麻糬口味是在綿密的白豆沙餡中捆進彈嫩麻糬，輔以山茶點綴味覺層次和色澤上的清新視覺，微甜不膩口，非常能代表被群山環繞的六龜；而不在常態品項中的隱藏版，拿了來自鄰近寶來地區農場無毒栽種的熟成黃梅來入豆沙餡的吃法，可遇不可求，類似綠豆椪，但傳統會放的魯肉或蛋黃，被酸甜開味的梅肉取代，兩款組合出的味道都讓人驚豔。取名福龜餅，是回想當年八八風災重創高雄時，六龜地區曾受到許多外界的幫助，因此茂興希望也能將這樣的福氣包進餅中回饋出去，寓意福氣歸來。

　　另一款超人氣的山茶卡士達蛋糕捲，同樣以六龜在地好茶當靈感，只是蛋糕體裡入的山茶葉改用全發酵的紅茶，熟茶馥郁飽和的氣味，磨成粉放進卡士達醬後完全不膩口，反而顯得口感層次帶點華麗感，讓蛋糕整體風味更形突出，後續他又由此衍生出了山茶長崎蛋糕。喜歡吃鹹蛋糕的人，可試香椿菜脯蛋糕捲，蛋糕體裡加進香椿葉，內餡則改用會回甘的美濃米糠老菜脯來發揮。許多在地鄉親也會找他做客製化蛋糕，或祭祖，或慶生，或謝神等，茂興說，目前接過最挑戰的是八家將的臉譜蛋糕，他很高興能藉由手藝在家鄉，散播禮敬，散播歡樂，散播愛。他開店的歷程，也真的就像是一尾鮭魚的返鄉之旅，鮭也是龜和歸，返回六龜後，在一次又一次的不確定中尋求生機，他的烘焙之路，前方總有冥冥中的指引，盡頭看來還有整片無形的海洋在等著他。

六龜區

(115)

清甘堂

白豆沙餅・古早味蒜蓉酥（柴梳餅）

　　遠從澎湖跨海渡台的蔡氏家族，一路輾轉，最後自潮州移往六龜，以精湛製餅手藝生根至今已過四代，家族創設的餅舖「清甘堂」已有百年歷史。第一代老頭家蔡清烈先生，日治時期因緣際會下跟日本糕餅師傅習藝，看著六龜伐木業日盛，移入大量人口，帶著滿身功夫一心想向外闖蕩的他遂決定前往，也就此開啟了清甘堂日後的風華時光。第三代蔡明進是現在的主理人，他回憶道，早年阿公製餅，除了主推內餡有各色豆沙的漢餅外，彈嫩的古早味麻糬也是招牌，可惜如今已失傳，民國五〇年代還曾推出過羊羹等點心，麵包做完則會算好配額送往其他店鋪和林班寄賣。除此之外，彼時蔡家也會準備小檜木箱盛裝這些點心去市場兜售，鄰近清甘堂的「洪稠源商號」六龜支店，日治時期由政府許可開設後，成為當時山城裡日人、閩南、客家等族群交流物資的重要據點，商號內的蕃產交換所也是漢人和原住民族間重要的易物媒介。明進大哥說，那時長輩們都會帶著日常用品過去換取品質極佳的山地紅豆，用來做豆沙，這種不透過金錢，純粹以物易物的美好模式，一直持續到六〇年代末期。

如今仍拿來點餅的古印，彷
若時代見證者，也是繁華走
過後的不離，與不棄。

　　對老六龜人來說，無論是日常點心或特定節慶，都少不了倚賴清甘堂。豆
沙餅是店內招牌，內餡分作白、綠、黃、紅四色口味，尤以白豆沙餅最受歡迎。
先在麵團加進油酥同揉，接著按部就班執行整形、包捲和分切，豆沙餡做法則
各色之間略有差異，綠豆沙部分，豆子進來時已是無殼豆仁，先蒸炊，續以機
器絞碎取代古法舂搗，熬豆沙前得先熬飽滿香甜的糖漿，豆沙綿密的關鍵在於，
必須靠肉眼判斷不能讓豆沙成餡時裡頭糖水就完全被收乾，因為包的時候糖水
會繼續收斂，收過頭則最後餡的口感就會過於乾鬆，導致潤口度不足。做白、
紅豆沙餡時是直接連皮一起下鍋同煮，煮到外皮脫落接著進行「洗粉」，將
表層澱粉質洗掉，脫好水才下糖熬餡。白豆沙早期是採用白腰豆混花豆製作，
但豆子黏性過高，導致成餅後的鬆軟度不佳，口感像是沒熟，後來遂改用白
鳳豆來做。

　　烘烤設備也從土爐、瓦斯爐變成現在的電烤爐，機器與時俱進了，工序仍
遵從古法，採雙面人工翻烤，但也因為人力有限，只能採預訂制，現做現銷，
豆沙餅外皮香酥，內餡綿密，不黏牙，滋味樸實純粹。5 個一袋，白豆沙上面
會蓋上可愛黑桃，紅豆沙蓋小梅花，綠豆沙則會蓋上大梅，從老頭家開始就習
慣使用婚嫁包大餅用的紅紙來包餅，紅紙被蓋上刻了「清甘」二字的大印，印
章裡龍鳳呈祥，喜氣洋洋。古早味蒜蓉酥是老頭家時代就有的小點心柴梳餅，
因為使用香氣濃郁的台灣蒜頭，整批打成蒜泥再下糖調味後，鹹甜滋味裡飄著
清朗的蒜鮮氣，非常迷人，不定期限量推出，也是可遇不可求的夢幻逸品。

　　　　　　　　　　　　　　　　　　　　　　　　　　　　伴手

116

王媽媽

香豬捲

老闆王世國的父親祖籍山東日照，一九四九年抵台後在小港的青島村安定下來，然而香豬捲最早的源起，得要回溯到王老闆的本省籍媽媽在大樹軍營上班時，有緣從一山東老士官長那習得、不藏私的家傳食譜。由於作法費工，在嫁進這個外省家庭後，平時在聯勤被服廠忙製軍衣，她也只會在逢年過節時出手，每每剛做好還沒開賣，肉捲剛捆好報紙一包就飛快銷出去了，彼時在海軍服役的王老闆，也意外在同袍間帶起了購買熱潮。

豬捲切片拌上大頭菜下酒最好，只

是沒想到這一捲，也捲起了許多人心底最深的鄉愁，這也成了「王媽媽香豬捲」品牌後來誕生的契機。

經過歲月打磨，爾後王媽媽做得外省料理反倒比誰都出色，香豬捲的製作細節也經過微調，直到現在最終版的問世。退役後，內在是軍人嚴謹思考邏輯的他，開始嘗試把香豬捲裡的眷村感性情懷轉化為可量產的工序，對外，他快速放下身段，初期勤跑南北高雄不同菜市場擺攤，加上一路得到太太的強力支持，最後如願以媽媽的好手藝展開事業第二春。從二〇〇五年起算，至今也已走過快二十個年頭。

肉捲裡初心被裹得密實，期盼
以香氣爲引，繼續昂首前進。

　　有別於北京醬肘子、江浙捆蹄、湖南肴肉和萬巒豬腳，風情香豬捲明顯
有著自己的個性與靈魂，它也是早年在艱困環境中，那代人善用豬雜窮變出
的智慧。噴香豬雜得先用鍋滷 3 個半小時，整捆豬捲裡涵蓋了豬耳的脆、嘴
邊肉的嫩，舌頭的彈，還有豬皮的豐厚膠質，貨源全來自遍尋許久屏東崁頂
一屠宰廠，因宰殺方式人道，味道乾淨，最後涼吃時香而不膩，更無參雜任
何腥臭怪味。滷汁裡除了尋常蔥薑蒜，還有肉桂、八角、甘草，醬油放了 2 種，
比例不好說，但滷工是最關鍵。

　　食材下鍋後，先豬皮墊底，耳和舌疊在上方，1 小時後再對調，入味的過
程，好比醬色沒有完全巴上去時，就得仰賴人工澆淋滷湯讓所有食材色調一
致，直到色香味都平衡。起鍋後，豬雜上殘存的肥油要先拿小刀細細切除，
降溫過程也會讓豬皮釋放出的膠質成為最好的黏著劑，接著豬雜和豬肉依序
躺進棉布巾，已暖身完畢的王老闆和弟弟面桌對立，開始四手聯「捆」。捆
的藝術，奠基於兄弟長年培養出的默契，因為前後來回的過程，不僅手感要
流暢，力道與角度的拿捏也盡在無語之間，更要無我，但下手時又不能猶豫，
直到豬捲裡食材漸漸疊合，捲裹成圓柱狀。過程中醬汁會不斷溢出，不可惜，
因為最後要的是滋味，不是放涼後的死鹹。王老闆說，一鍋大約可人工產出
16 捆，一天就 64 捆，完全是體力活，除非逢年過節量大，不然捆完即收工。
店內還有雞腿捲、各色滷味等琳瑯滿目的品項，王老闆人前總是幽默爽朗不
喊苦，以復刻出媽媽的手藝為榮。

　　　　　　　　　　　　　　　　　　　　　　　　　　　　　　伴手

117

劉姥姥

極品青花椒油・紅花椒油・麻辣花椒油

且看劉姥姥的留味獨行，
如何與那瓶煉透時代的極品花椒油相遇

　　當年倉促跟著姑姑搭上大船逃難，於一九四九年隨國民黨政府抵台的劉姥姥，是紮實走過時代風浪的人。生於廣東，將近百歲的人生什麼波瀾起伏沒見過，連和先生的相遇都猶如電影情節。少女時期姥姥先停留台中學裁縫，恰巧空軍背景的姥爺過來修改軍衣，沒想到一修定情，婚後隨先生調動下到高雄，落腳岡山貿易十村。彼時資源困乏，家常粗食能吃飽已屬不易，遑論燒肉蒸魚，但湖北出生、四川重慶長大的劉姥爺，從軍前就愛下廚，成長背景被辣香圍繞，縱然戰後別離故土，但手邊始終將祖傳花椒油祕方穩妥收著，彷彿在香氣裡就能和原生家庭的連結不斷。

　　成家後鄰里親友成為間接受惠者，不管涼菜熱食，平淡餐食裡多了花椒油點綴，胃開了，日子彷彿也有了舒坦的盼望。油其實人能煉，但風味就是沒有劉家的厚，大夥索性直接帶暗色空罐子來裝，暗色是因為植物油得避光，不避，溫度一拉高，氧化速度加快香氣就會溢散。姥爺後來意外辭世，姥姥獨自將四個孩子堅強拉拔大，毫無嗜辣背景，卻把夫家湖北辣不怕與四川不怕辣的背景摸得通透，精煉出的油裡被封藏的也是她對先生的思念。

　　花椒油最後能走出家門，是拜孫女 Doris 於二〇一六年成功品牌化之賜。雖有留美商學背景，但初期她依然面臨許多挑戰，幸而有姥姥與媽媽背後聯手撐持，從家庭小工作坊起步，規模擴展後開始與專業料理工作室合作，但每月仍小量製作，堅守油品工藝。改裝在附滴管的曲線瓶裡，除了有點時髦，也讓料理者下手時更好拿捏輕重，連北部米其林摘星名廚也指名愛用。青花

　　　　　　　　　　　　　　　　　　　伴手

姥姥待後輩總是溫暖妥貼，
心意如同油品，香醇善美。

椒油和紅花椒油是主打，有特定香料商能協助從中國四川涼山金陽及茂縣穩定取得貨源，皆秀異又狂野。金陽青花椒特色在麻味中帶有柔美清新的萊姆味，茂縣頂級大紅袍花椒則分作西路和南路，相較於南路椒粒裡過於濃重的木頭與皮革氣味，劉姥姥選擇麻度夠、帶柑橘與柚子清盈香氣的西路椒粒來煉。

　　煉油前會先以肉眼判斷顆粒大小與油苞打開程度來進行人工揀選，基底香料油依據青紅花椒不同屬性各自拿台南西港的黑麻油和澳洲芥花油來斟酌打底。紅花椒油用來泡油的香料姥姥以前下手較輕，如今有月桂葉、桂皮、陳皮、小茴香子和八角等，風味更添層次。極品青花椒油的香料油則用了香茅、薄荷、馬蜂橙草來打底，麻辣花椒油則是使用青紅花椒各半再加上兩種乾辣椒粉和生辣椒及香料製作。早期姥姥是將花椒包網袋用鎚子預先打碎再浸到香料油裡融合，如今 Doris 改用磨豆機，目的是要讓每顆花椒粒的粗細標準化，讓風味更趨穩定。「溫油出麻，滾油出香」是姥爺遺留的心法，因此磨好的花椒會分兩班依據不同溫度和時間，藉由溫泡和熱滾後，再按比例混融。菜餚起鍋，只消幾滴下去，嘴裡立刻風起雲湧，青花椒油與海鮮結合提味效果尤其驚人，油裡那些為愛曾付出過的代價，都成全了如今那股從喉頭下竄後直抵心窩的香。

118

金華火腿行

金華火腿・家鄉肉・
廣東臘／肝腸・富貴雙方

從上海一路輾轉遷徙，
最終在高雄生根的風華之味

　　從民國四十二年點燈至今的「金華火腿行」，目前係由老闆黎煥榮與太太合力經營，第一代經營者其實是位家族熟稔的宋先生，當年他先在台北以販售滬式滷味和風乾腿貨發跡，民國五〇年代南下高雄，在五福路上展店時店名就叫金華，爾後交由黎老闆的伯父接棒，再傳至他的手上。店內好貨在那個年代深受飯店與餐館喜愛，也是口袋預算充裕者年節送禮的熱門選項，把一整隻風乾好的豬腿直接包了帶走，寓意升官發財，收禮者，拿回家後吊掛在通風的院子裡四溢肉香，要吃的時候 再拿斧頭或利鋸來削，路人經過欣羨，看著都垂涎。後來肉行移至鹽埕，在整座繁華正盛的城區裡，金華續以精良火腿大軍穩穩插旗。

　　金華火腿是中國江浙和上海地區的知名食材，來自上海的黎氏家族，對於製作與吃法本就熟稔。黎老闆分享道，傳統上以前當地是中秋過後開始醃製生腿一路到隔年春末，鹽醃過程表面還會刷抹辣醬阻隔空氣，放在地窖，並把豬蹄折彎當天然掛勾。如今他們的醃法是生肉進廠後，直接先鹽抹脫水 50 到 60 天不等，因為高雄太乾、北部又太溼，所以廠房設在台南仁德，全程放在 10 度以下冷藏室，脫水過程豬腿約莫幾天就要調換位置，並且再抹鹽按摩，以期每隻腿都能平均負壓，排出肉裡多餘水分。醃透後要先「洗鹹」，把肉塊表層的厚鹽洗掉，接著用炭火產生的循環熱氣微微烘烤，但絕不能讓

腿肉產生如臘肉般的燻味，日曬一週，接著在溼度和溫度都嚴密監控的環境中進行發酵熟成，遇到梅雨或颱風季，有時還得出動除溼機。

金華火腿行販售的品項非常豐富，從金華火腿、家鄉肉、廣東臘腸肝腸、蜜汁火腿、富貴雙方等都各有擁戴者，但店內懸掛的一隻隻金華火腿最為吸睛。一般製作時都是使用豬後腿、從大腿到豬蹄的位置，依序分為滴油、中方、上方、火瞳和火爪 5 個區域，中方是金華火腿精華，用途最廣，火瞳塊位在蹄膀，也有人稱作火踵，肉連著皮，常被拿來煲湯，滴油則因為倒掛承接了最多鹽分，適合取少量拿來燉煮，以香氣點綴菜餚。金華火腿行以熟成時間來區分等級，二個月內的是新腿，一年以上可稱老腿，放個二到三年以上風味最陳，走進店裡看到火腿發霉別被嚇到，那是青黴菌在作用，霉越多，火腿的陳香可是越厚吶！老闆娘說會透過所謂的「打籤」，將竹籤插進腿肉不同地方，以抽出來的氣味來判斷火腿品質，生肉挑選與熟成過程都是變因，如發酵到位，濃縮後的肉味會鮮腴立體，如果生肉品質不佳，打籤後味道是死的臭的。

金華火腿包報紙是因為怕反潮，由於在地知名飯店是老客戶，送貨時常可順道拿些英日文報紙回來，連包肉都國際化。頂級老腿切開後，剖面能看到經時間轉化後跑出的肉色紋理，深淺不一，早期分切時店內是用剁刀伺候，改以機器代勞後，如今掛在牆上的刀片反而成了見證時代的傳家之寶。

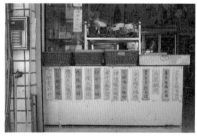

吊掛的腿肉乍看像極了肉色琵琶，切肉時飛濺的大量肉屑令人心痛不捨。

美濃客家美食坊（潘媽媽）

紅豆糕・綠豆糕・草仔粿・甜鹹芋頭糕

在美濃中潭地區點燈已快三十年的「美濃客家美食坊」，採家庭式經營，由老闆潘木乾和老闆娘陳菊蘭夫妻倆胼手打拚，不在鬧區，但作法道地的古早味鹹甜粿點、醃菜、醬料等總是吸引饕客尋香而來，特別是私房的紅豆糕和綠豆糕，常常不到中午就賣光光。夫妻倆年輕時原本是在經營體育用品店，兒子接棒後，思籌著如何安排未來生活，由於兩人對吃都有極高敏銳度，加上客庄內日常本來就有吃糕粿的習慣，過節祭神時也有需求，遂打定主意以拿手的古早味糕點來開創人生新局。

初起步時，潘老闆著眼於美濃約莫年底紅豆會大出，取得容易，因此剛開始即先從如今的鎮店明星「紅豆糕」開始研究。一開始他先到處試吃卻都沒有吃到完全滿意的版本，索性回頭自己動手，反覆實驗了半年無數次失敗後，才抓到黃金比例。糕體裡九成都是粒粒分明的紅豆，輔以台糖二砂、煉乳和日本進口的樹薯粉，早期用柴燒大灶製糕，現在改採快鍋，口感依舊但效率更佳。紅豆糕一咬豆沙就爆出，甜香不膩，且在嘴裡咀嚼感仍立體，代表結構並未垮掉，也加入了少許植物性鮮奶油加乘提香效果。後來衍生出的「綠豆糕」，做

喜歡他們就守著小店，用多少，做多少，真材實料，夠用就好的人生哲學。

法不同，得先用大灶隔水蒸炊，再放入大同電鍋細煮，不加任何人工添加劑，成品同樣香甜綿密，兩者如果冰過再吃又是截然不同的風味。

　　紅豆糕、綠豆糕、麻糬、蘿蔔糕、甜鹹芋頭糕都是店內常態性出現的品項，全素的蘿蔔糕，一切開，剖面全是滿滿白蘿蔔絲，鮮甜無比，每次只能出爐 8 顆。「客家麻糬」用的是一年以上糯米舊米，水分下降，Q 度上升，先泡米 5 到 6 小時，接著磨漿後蒸炊出來的麻糬超級彈口，一咬就牽絲就知道用的米好所以延展性佳，非一般用糯米粉調水製作的麻糬可比擬，蘸花生芝麻糖粉，簡單美味。黑糖糕是用中筋麵粉和台南老字號新南糖廠的特級黑糖來做，水蒸，老派的滋味。

　　這裡可遇不可求的「草仔粿」超級厲害，利用青苧麻葉來取代艾草和鼠麴草，表皮呈現暗鐵灰綠的色澤，潘媽媽說，早期這區域就多用青苧麻葉來做粿，嫩葉採割後，要先日曬 3 到 4 天，接著泡水，再慢火煮 3 小時才能使用。草汁會先和糯米粉糰結合，裡頭包進美濃黑豬肉、朋友跑船撈捕的海蝦直接船上日光曝曬的濃郁蝦乾、蘿蔔乾，和自製油蔥酥，熱蒸好，外皮軟糯生草本清香，內餡卻是海陸在打架，滋味鮮活，就算冷了也非常好吃，拿掉青苧麻葉的元素後，會以豬籠粿的型態現身。她現在是委請住在鄰近圓潭地區有農地的小姑幫忙種，但近年氣候異常，少雨時就會大幅影響葉子產量，加上人力吃緊，因此只能採少量供應，只為有緣人。

120

正味珍

野生烏魚子

戰後初期點燈的「正味珍烏魚子行」，由老頭家洪進家創立，至今已堂堂跨過七十個年頭。夾在鹽埕烏魚子行的一級戰區中，長年以古法精製出的野生烏魚子是內外兼修的上等好貨，不僅備受高雄人青睞，國境開放時有超過四成都被日本客人帶走。老頭家是路竹人，年輕時就到鹽埕拼闖，最早是經營「飯桌仔」，但同時在哈瑪星魚市場有熟識的朋友能提供貨源，於是兼賣起烏魚子，沒想到賣出滿地烏金，野生貨的門路直通蚵仔寮和茄萣。14歲即跟在老頭家旁邊，一路做到現在已近五十年的資深師傅梅姨說，不只烏魚子，當時連紅燒烏

魚腱炒黑糖蒜苗也是飯桌上高人氣的熱炒菜！他很早就有包裝概念，因此從印章、禮盒，甚至是包烏魚子用的宣紙都經過專業設計，在交到媳婦蘇愛玲手上後營運更形出色穩定。

相較於養殖烏魚，野生烏魚因為成長環境更形奔放，造就每塊烏魚子從尺寸、色澤、形狀皆會有明顯差異，但油脂量更豐厚，也比較不會出現土味。現在隨著氣候變遷與人為過度捕撈，每年冬至前後到隔年一月，本該洄游到台灣西部沿海的烏魚群，抵達前就被他國提早攔截，產量在一九七〇年代末達到高

早年因為沒有冷藏設備，烏魚子都是一次做好，有時到年前會隱約飄出鹹魚味，時代啊。

峰後，野生烏魚數即開始每況愈下。製作烏魚子的第一步，得先將魚卵上細黑微血管用湯匙刨（khau，刮除）掉，如果看到卵有破洞，得馬上用豬網紗人工填補，沖洗乾淨後，在卵膜尾段以棉線綁緊收口，魚卵才不會溢漏，中部有些地區會看到綁線牽著一小塊烏魚肉。鹽漬後整齊將魚卵堆疊木板之上，早年漬得比較鹹是為了拉長保存期限，續拿磚塊平壓層疊魚卵予以塑形，壓太緊或太鬆都會影響最後烏魚子的香氣和 Q 度，耗時七到十天。過程中會搬到日照下曬乾，魚卵會膨脹出香氣，接著要再移回陰涼處，這移進移出的工序得反覆數次，高雄終年晴朗穩定的氣候條件幫了大忙，就是累又麻煩。早年也曾短暫試過用日光燈取代，但烏魚子不管是肉質緊實度和油香氣都差了一大截，因此回頭堅持古法日曬至今。

　　烏魚在海裡被大量捕獲時免不了激烈碰撞，導致有些母魚血管破裂血會流進卵巢，造成局部或整片反黑，形成色澤暗深少見的「血子」，滋味狂野。梅姨說，某些熟客視血子為補身良物。正味珍的烏魚子沒有任何人工添加，買回家後，低溫冷藏風味可延續半年，如今第三代的洪斯偉與太太郭苓也相繼投入，因應時代變遷，推出的真空包裝一口包，單價下降又能即食，很受年輕客群歡迎，店門口也有現烤的烏魚子和烏魚腱。回回經過正味珍前，都會被那片帶橘紅溫暖色調的日曬畫面給療癒，畫面裡不僅油潤鹹香氣直竄鼻息，還有始終捍衛傳統價值的身影……愛玲姐說，或許以後野生的沒了，店也會跟著轉身，我由衷希望那天不會發生。

　　　　　　　　　　　　　　　　　　　　伴手

店家分區 QR Code

· 鴨肉本 p.051
鹽埕區富野路 107 號 |（07）531-4630 | 10:00 - 20:30（月休六天,於臉書公告）| 高雄輕軌 C16 文武聖殿站,步行約 5 分鐘

 · 阿英排骨飯 p.058
鹽埕區富野路 79-2 號 |（07）521-5562 | 10:30 - 20:15（週三、週四公休）| 高捷橘線 O2 鹽埕站 2 號出口,步行 8 分鐘 或 高雄輕軌 C16 文武聖殿站,步行約 8 分鐘

 · 北港蔡三代筒仔米糕 p.064
鹽埕區河西路 167 號 |（07）551-7443 | 13:30 - 21:30（週三公休）| 高雄輕軌 C16 文武聖殿站,步行約 9 分鐘 或 高捷橘線 O2 鹽埕站 2 號出口,步行約 13 分鐘

 ·Uben 油飯 p.072
鹽埕區鹽埕街 126 號 | 0966-449581 | 10:30 - 賣完爲止（月休六天,週日固定公休,其餘兩天請看臉書公告）| 高雄輕軌 C16 文武聖殿站,步行約 8 分鐘

 · 琴姐土魠魚粥 p.068
鹽埕區北斗街 28 號 |（07）531-0922 | 07:00 - 14:00（週三、週四公休）| 高雄輕軌 C16 文武聖殿站,步行約 7 分鐘

 · 肉粽伯 p.066
高雄市鹽埕區新樂街 242 巷 29 號 | 06:30 - 13:30（售完即提早休息,每月農曆初三公休）| 高雄輕軌 C15 壽山公園（金馬賓館當代美術館）站,步行約 4 分鐘 或 高捷橘線 O2 鹽埕站 2 或 3 號出口,步行約 10 分鐘

 · 鄭家切仔麵 p.078
鹽埕區新樂街 201 巷 5 號 |（07）561-0706 | 08:00 - （週五 11 點開始）（公休日不定,請電洽或看粉絲頁公告）| 高捷橘線 O2 鹽埕站 2 或 3 號出口,步行約 5 分鐘

 · 永和小籠包 p.110
鹽埕區鹽埕街 35 號 | 0912-436908 | 11:00 - 19:00（週二公休,年紀有了,其餘時間會不定休,可電洽）| 高捷橘線 O2 鹽埕站 2 或 3 號出口,步行約 3 分鐘

 · 婁記饅頭。豫豐婁麵 p.117
鹽埕區瀨南街 137-10 號 |（07）561-2871 | 07:00 - 12:00（週日公休）（11 點前貨源較充足,可預訂）| 高捷橘線 O2 鹽埕站 4 號出口,步行約 5 分鐘

 · 阿忠虱目魚粗米粉 p.133
高雄市鹽埕區新樂街 229 號 | 0972-501220 | 06:30 - 14:00（週二公休）| 高捷橘線 O2 鹽埕站 2 或 3 號出口,步行約 5 分鐘

 · 一等一咖啡茶飲 p.162
鹽埕區新興街 28-1 號 |（07）532-0909 | 10:00 - 18:00 /19:00 - 21:30（週末營業至 22:00,無公休日）| 高捷橘線 O2 鹽埕站 1 號出口,步行約 7 分鐘 或 高雄輕軌 C13 駁二蓬萊站,步行約 7 分鐘

 · 眞響菓菜汁·老牌蓮藕茶 p.170
鹽埕區新興街 276 號 |（07）561-1423 | 08:30 - 22:30（無公休日）| 高雄輕軌 C16 文武聖殿站,步行約 8 分鐘

 · 高雄婆婆冰（創始店）p.152
鹽埕區七賢三路 135 號 | |（07）561-6567/ | 10:00 - 24:00（週二公休）| 高捷橘線 O2 鹽埕站 2 或 3 號出口,沿新樂街往七賢三路 方向,步行約 5 分鐘

 · 高雄婆婆冰（旗艦店）p.152
鹽埕區七賢三路 98 之 12 號 |（07）561-6695 | 11:00 - 22:00（週四公休）

 · 香茗茶行（創始老店）p.154
鹽埕區五福四路 264 號 |（07）533-8242 | 09:00 - 21:00（週三公休）| 高捷橘線 O2 鹽埕站 4 號出口,步行約 5 分鐘

 · 阿寶姨古早味綜合茶 p.176
鹽埕區大勇路 131 號（土地銀行前）|（07）533-7767 | 12:00 - 22:00（無公休日）| 高捷橘線 O2 鹽埕站 2 號出口,步行約 5 分鐘

 · 溫柔實驗室
Laboratoire de douceurs p.234
鹽埕區大公路 62 號 |（07）521-5515 | 13:30 - 19:00（週二、週三公休）| 高捷橘線 O2 鹽埕站 2 號出口,步行約 5 分鐘

 · 藍世界啤酒屋 Focus PUB p.252
鹽埕區五福四路 88 號 |（07）561-6901 | 19:30 - 03:00（無公休日）| 高雄輕軌 C11 眞愛碼頭站,步行前往約 6 分鐘

 · 三郎麵包廠 / 沙普羅糕餅小舖 p.292
鹽埕區新樂街 198-8 號 / 鹽埕區新樂街 198 之 18 號 |（07）551-5841 / 0953-058099 | 11:00 - 18:00（週二公休）/ 12:30 - 19:00（週日營業到 17:00,無公休日）| 高捷橘線 O2 鹽埕站 2 或 3 號出口,步行約 5 分鐘

 · 金華火腿行 p.311
鹽埕區七賢三路 118 號 |（07）551-5497 | 08:30 - 21:00（公休日請電洽）| 高捷橘線 O2 鹽埕站 2 或 3 號出口,步行約 5 分鐘

 · 正味珍烏魚子行 p.316
鹽埕區七賢三路 125 號 |（07）551-2749 | 10:00 - 21:00（公休日請電洽）| 高捷橘線 O2 鹽埕站 2 或 3 號出口,步行約 6 分鐘 | 線上訂購請至官網 https://karasumi.co/

新興區

 · 西蜀榮昌川味牛肉麵 p.076
新興區民享街 18 號 |（07）282-8000 | 11:30 - 14:00 / 17:00 - 19:30（週一公休）| 高捷紅線 R9 中央公園站 2 號出口,步行約 12 分鐘

 · 友家鍋燒 p.092
新興區復橫一路 148 號 |（07）226-5188 | 11:00 - 14:00 / 17:00 - 20:00（每個月第二和第四個週六公休,週日固定公休）| 高捷紅線 R10 / 橘線 O5 美麗島站 6 號出口,步行約 10 分鐘

 · 春蘭割包 p.186
新興區復興一路 5 號 |（07）201-7806 | 09:00 - 19:00（週日公休）| 高捷紅線 R10 / 橘線 O5 美麗島站 6 號出口,步行約 9 分鐘

・名家汕頭沙茶火鍋（創始老店） p.214
新興區渤海街 4 號｜(07) 226-7230｜17:00－01:00（週二公休）／.12:00－00:00（週六、週日）（週三公休）｜高捷橘線 O6 信義國小站 4 號出口，步行約 2 分鐘

・名家汕頭沙茶火鍋（瑞豐分店） p.214
鼓山區明倫路 114 號｜(07) 552-9970｜17:00－00:00｜（週一到週五）｜高捷紅線 R14 巨蛋站 1 號出口，步行約 7 分鐘

・雞伯｜各色台式風味雞湯鍋・雞料理盤 p.222
高雄市新興區八德二路 76-1 號｜(07) 285-2222｜16:30－00:30（週三公休）｜高捷紅線R11高雄火車站站2號出口，步行約 8 分鐘

・福得小館 Foodie Small Café p.228
新興區南海街 20 號｜(07) 222-0089｜11:30－14:00／17:30－21:00（無公休日，六日中午營業到 14:40）｜高捷橘線 O6 信義國小站 4 號出口，步行約 5 分鐘

・劉姥姥花椒油 p.308
新興區民生一路 56 號 16 樓之一（此爲工作坊，非實體販售店面）｜(07) 222-8599（客服專線）｜10:00－17:00（週一到週五客服時間）｜線上訂購請至官網 https://www.readytonumb.com/

苓雅區

・金鳳水煎餃 p.022
苓雅區三多二路 176 號｜(07) 723-5885（可預約）｜06:00－18:00（六日只到 17:00）（週一公休）｜高雄輕軌 C34 五權國小站，步行約 8 分鐘

・王義雞肉飯 p.054
苓雅區青年一路 163-8 號｜(07) 334-4430｜08:00－13:40（週一公休）｜高捷紅線 R9 中央公園站 2 號出口，步行約 14 分鐘

・四口田手作麻辣「正」（創始總店） p.244
苓雅區文橫二路 60 號｜0905-083142｜16:30－23:00（無公休日）｜高捷紅線 R8 三多商圈站 6 號出口，步行約 5 分鐘

・南洋食府銳記
Nanyang Restaurant Ruiji
p.070
苓雅區四維二路118-1號｜(07) 338-5911｜11:00－14:30／17:00－20:00（週一到週五）11:00－20:00（週六、週日）（公休日請電洽）｜高捷橘線 O7 文化中心站 2 號出口，步行約 15 分鐘 或 高雄輕軌 C33 衛生局站，步行約 11 分鐘

・瀧澤軒食堂（拉麵屋） p.088
苓雅區林泉街 44 號｜(07) 713- 6268｜11:30－14:00／17:00－20:00（週二公休）高捷橘線 O7 文化中心站 2 號出口，步行約 12 分鐘 或 高雄輕軌 C33 衛生局站，步行約 10 分鐘

・良麵館（復興總店） p.090
苓雅區復興二路 53 號｜0936-381691｜09:20－17:30（週日公休，完售會提早休息）｜高捷紅線 R8 三多商圈站 6 號出口 或 R9 中央公園站 2 號出口，往復興二路方向，步行前往約 15 分鐘，租賃公共自行車約 5 分鐘

・TST 麵包烘焙坊 p.126
苓雅區廣東一街 115 號｜(07) 723-0770｜11:00－19:00（週四公休，每個月最後一個週日是家庭日也固定休息）｜高捷橘線 O7 文化中心站 3 號出口，步行約 12 分鐘 或 高雄輕軌 C33 衛生局站，步行約 7 分鐘

・四維路 上無店名鮪魚海產粥 p.146
高雄市苓雅區四維二路 128 號（近福建街口）｜(07) 331-3631｜11:00－14:00／17:00－20:00（週日公休，其他天有時魚貨不足也會直接休息）｜高捷橘線 O7 文化中心站 2 號出口，步行約 16 分鐘 或 高雄輕軌 C33 衛生局站，步行約 12 分鐘

・雲家檸檬大王（創始老店） p.166
苓雅區青年一路163-9號｜(07) 334-5661｜10:00－18:00（因各家輪班營業時間不一，此爲常態性開業時段，無公休日）｜高捷紅線 R9 中央公園站 2 號出口，步行約 14 分鐘

・鴨霸王國（武廟直營店） p.246
苓雅區武廟路 18 號｜0958-165158｜13:00－19:30（週日公休）｜高捷橘線 O9 技擊館站 1 號出口，步行約 5 分鐘

・泰山汕頭火鍋（興中總店） p.224
苓雅區興中一路 365 號｜(07) 333-9214｜11:00－14:00／17:00－00:30（平常日收客到 23:00、週末收客到 00:00）（無公休日）｜高捷紅線 R8 三多商圈站 6 號出口，步行約 5 分鐘

・老牌白糖粿 p.183
苓雅區自強三路與苓雅二路交叉口（南豐魯肉飯對面）｜0930-575111｜14:00－20:30（13:30 出攤，公休日請電洽）｜高捷紅線 R8 三多商圈站 7 號出口，步行約 12 分鐘 或 高雄輕軌 C10 光榮碼頭站，步行約 8 分鐘

三民區

・建興市場肉圓・麵線羹 p.032
三民區建德路 132 號｜(07) 392-2814｜06:00－15:00（週一公休）｜高雄輕軌 C29 樹德家商站，步行約 5 分鐘（預計於 2023 年底完工啓用）

・無店名 麵線糊排骨 p.038
三民區建興路 338 號｜0931-923102｜07:30－13:00（賣完即休息，建議 07:00 就去排隊領第一鍋號碼牌）（週一公休）｜高雄輕軌 C28 高雄高工站，步行約 6 分鐘（預計於 2023 年底完工啓用）

・吉品高雄脆皮肉圓（創始老店） p.112
三民區新民路 172 號｜(07) 383-4603｜07:20－15:00（週二公休）｜高雄輕軌 C28 高雄高工站，步行約 8 分鐘（預計於 2023 年底完工啓用）

・許記蒸餃 p.106
三民區林森一路 306 號｜(07) 235-3624｜11:30－19:00（週日公休、月底最後一個週日和週一連休）｜高捷紅線 R11 高雄車站 2 號出口，步行約 8 分鐘

・三輪車蔥肉餅 p.190
三民區大昌二路 348 號（花築壽喜燒騎樓下）｜0989-139996｜14:30－18:30（賣完即休息，週日公休）｜高雄輕軌 C29 樹德家商站，步行約 12 分鐘（本站預訂在 2023 年底啓用）

·三民街 無店名古早味烤海綿蛋糕 p.194
三民區三民街 165 號｜11：00－20：00（每月農曆 17 號公休）｜高捷紅線 R11 高雄車站 2 號出口，步行約 12 分鐘

·莊嫂蚵嗲 p.200
三民區建興路 22 巷 1 號（正忠市場旁）｜(07) 385-6677 / 0929-095380｜10：30－18：00（品項完整要下午兩點過後，賣完卽休息，公休日請電洽）高雄輕軌 C29 樹德家商站，步行約 8 分鐘（本站預訂在 2023 年底啓用）

·小鮮鹹水雞（慶雲總店）p.250
三民區慶雲街 130 號｜可上 Facebook 粉絲團私訊預訂餐點｜11：00－20：00（週六、日、一公休）｜高雄輕軌 C30 科工館站，租賃公共自行車前往約 5 分鐘

·鶴笙麵屋 手工日式蕎麥麵 p.099
三民區新民路 124 號｜(07) 383-5029｜11：00－14：00 / 17：00－20：00（週一到週六）11：00－14：00（週日）（無固定休日，上山取菜會預先在店門口小板子上做異動公告）高雄輕軌 C28 高雄高工站，步行約 7 分鐘（預計於 2023 年底完工啓用）

·番仔明古早味雜菜 p.278
三民區自立一路 429 號（十全二路與自立一路路口，玉市三角窗前）｜0919-587600｜07：15－12：40（週三、週日公休）｜高捷紅線 R12 後驛站 1 號出口，步行約 10 分鐘

前鎮區

·Lee & daughters 李氏商行 / Lee's Second Chapter 李氏第二章 p.043
前鎮區二聖二路 133 號｜(07) 333-3836｜09：00－15：00（週三、週四公休）｜高雄輕軌 C36 凱旋二聖站，租賃公共自行車前往約 8 分鐘 或 高捷紅線 R8 三多商圈站 4 號出口，步行約 12 分鐘｜有意預約餐會合作者，請至「Lee & daughters 李氏商行」粉絲頁私訊洽談，細節討論會有專人與您連繫。

·崔記小餐館 p.060
前鎮區二聖二路 67 號｜(07) 331-9939｜11：30－14：30 / 17：30－21：00（週一公休）｜高雄輕軌 C36 凱旋二聖站，往民權二路方向，步行約 12 分鐘

·老北京炸醬麵 p.086
前鎮區復興三路 181 號｜(07) 536-0666｜11：00－14：00 / 17：00－19：30（週日公休）｜高捷紅線 R7 獅甲站 3 號出口，步行約 10 分鐘

·一合居（創始老店）p.104
前鎮區民裕街 47 號｜(07) 535-5413｜11：45－14：00 / 17：00－20：00（週日公休）｜高捷紅線 R7 獅甲站 2 號出口，步行約 8 分鐘

·洪師傅薑母鴨 p.210
前鎮區前鎮街 99 號（鎮南宮正對面）｜(07) 815-0393｜16：30－23：30（23：00 後不接客人，每年入秋 9 月份營業到隔年 4 月，5 到 8 月夏休期間，學美術的洪慶龍老闆會開放個人接案）｜高雄輕軌 C4 凱旋中華站，步行約 10 分鐘

仁武區

·江西傳藝風味外省麵（仁武總店）p.080
仁武區中華路 91 號｜(07) 372-0131｜10：30－15：00 / 17：00－21：00（週日公休）｜高捷紅線 R21 都會公園站 1 號出口，轉計程車前往約 11 分鐘可到達

無固定據點
·林針嬤鹹水 g（行動餐車）p.248
目前行動餐車以巡迴方式營業，無固定據點，每周行程、詳細營業時間、地點，會以 Facebook 粉絲團和 Instagram 帳號公告爲主。週一或週二公告行程。（週一爲目前暫定的婆休日與場勘日）

林園區

·合春圓仔 p.120
林園區福興街 25 號｜(07) 641-7866｜12：00－21：30（外帶到 22：30，夏天無公休日，冬天請電洽）｜高捷紅線 R3 小港站 1 號出口，轉車前往

大樹區

·吉林海產店 p.140
大樹區竹寮路 149 號｜(07) 651-0373｜11：00－14：00 / 17：00－21：00（週二公休）｜不近任何捷運或輕軌站，開車前往爲佳，或搭乘台鐵在「九曲堂站」下車，租賃公共自行車前往約 8 分鐘

橋頭區

·橋頭咖哩鮪魚羹（阿婆羹）p.138
高雄市橋頭區橋南路 76 號｜(07) 612-7741｜08：00－18：00（週二公休）｜高捷紅線 R22A 橋頭糖廠站 1 號出口，步行約 5 分鐘

旗津區

·海濱海產 p.143
旗津區中洲三巷 68-16 號｜(07) 571-3485｜11：00－14：00 / 17：00－20：30（公休日請電洽）｜高雄輕軌 C5 夢時代站下車，步行前往前鎮渡船站，約 13 分鐘，轉搭渡輪前往

鳳山區

·鳳山（正）台北米粉湯 p.122
鳳山區中山路 149 號（World Gym 世界健身俱樂部鳳山店前面）｜約莫晚餐時段前出攤，賣完卽休息（週日、週一公休）高捷橘線 O13 大東站 2 號出口，步行約 8 分鐘

·貓頭鷹鍋物 - 上湯鍋物料理 p.212
高雄市鳳山區文安街 28 號｜(07) 767-7711｜11：00－14：30 / 17：00－21：30（週一到週五）｜11：00－15：00 / 17：00－22：00（週六、週日）（公休日請電洽）｜高雄輕軌 C30 科工館站，租賃公共自行車前往約 13 分鐘

阿蓮區

·日月星土雞城 p.276
阿蓮區和平路 152 號｜(07) 631-5290｜10：30－19：30（週一營業到 14：30，公休日請電洽）｜從高鐵台南站或台鐵沙崙站，轉計程車前往，約 10 分鐘

·滿福土產羊肉爐 p.219
阿蓮區和平路 150 號｜(07) 631-5465｜11：00－14：00 / 17：00－21：00（從高鐵台南站或台鐵沙崙站，轉計程車前往，約 10 分鐘

大社區

·大社嘉義黑香腸 p.188
大社區中山路 7 號（近興楠路和三民路交叉口）｜(07) 652-2435｜14：00－19：00（公休日請電洽）｜高捷紅線 R21 都會公園站 2 號出口，租賃公共自行車前往約 10 分鐘

六龜區

·寶來 36 愛玉 p.164
六龜區寶來里中正路 36 號｜
(07) 688-1149 ｜ 10:00 –
20:00（週二公休）｜開車前往
或從高鐵左營站搭乘「6號月臺」
搭乘直達車前往寶來

·獅山胡椒園 p.270
六龜區新發里獅山 78 號｜(07)
679-1798 ｜ 9:30 – 17:00（開
放入園參觀時間）／ 11:00 -
17:00（可供餐時間）｜（公休
日請電洽，品嘗胡椒風味餐，需
要提早一週預約）｜不近任何捷
運站，開車或騎車前往為佳

·發現·山茶 FAXIAN SHAN CHA
p.299
六龜區和平路 230 號｜請上「發
現山茶 FAXIAN SHAN CHA」
FB 粉專私訊預約｜ 09:30 –
11:30 / 13:30 -15:30（ 此
為洽詢合作與預約茶席之客服
時間）

·Wish 興旺烘焙 p.302
六龜區太平路 61 號｜ 0955-
655639（因為可能外出執行活
動合作，目前店鋪改採預約制拜
訪）｜開車或搭乘高雄客運「E25
高旗六龜快線」前往，六龜農
會（光復）站下車，步行約 2 分
鐘｜線上訂購請至官網 https://
wishbakerythebest.com/

·清甘堂（清甘食品行）p.304
六龜區民生路 31 號｜(07)
689-1127 ｜ 06:30 – 22:00（無
公休日）｜開車或搭乘高雄客
運「E25 高旗六龜快線」前往，
六龜農會（光復）站下車，步行
約 5 分鐘

路竹區

·添記 古早味楊桃湯（路竹總店）
p.160
路竹區中正路 36 號 ｜ (07)
696-7960 ｜ 08:00-21:00 （ 週
四 10:00 開始營業，週日 營業
到16:00）（皆無公休日）

·添記 古早味楊桃湯（熱河分店）
p.160
三民區熱河 一 街 117 號 ｜
(07)313-7506 ｜ 11:00 -
21:00 ｜ 高捷紅線 R11 高雄車
站 2 號出口，步行約 15 分鐘

楠梓區

·陳記荊州鍋盔（楠梓總店）
p.180
楠梓區常德路 306 號｜ 0919-
883309 ｜ 14:30 – 17:30（ 公
休日請電洽）｜高捷紅線 R21
都會公園站 2 號 出口，租賃公
共自行車前往約 12 分鐘（楠
梓總店）

·陳記荊州鍋盔（嫩江分店）
p.180
三民區嫩江街 50 號｜ 0916-
465498 ｜ 11:30 – 20:00（週日
公休）｜高捷紅線 R11 高雄車
站 2 號出口，步 行約 6 分鐘
（嫩江分店）

鳥松區

·馨窩良行 Homelanie p.273
鳥松區竹安街 67 號｜(07)
733-5967 ｜ 09:00 – 17:00（週
一公休）｜高捷橘線 O13 大東
站 1 號出口，租賃公共自行車
前往，約 12 分鐘

·蘇老爺古味創新館 p.290
鳥松區仁勇路 181 號｜(07)
732-8158 ｜ 09:30 – 18:00
（無公休日）｜不近任何捷運
或輕軌站，開車或騎車前往為
佳｜線上訂購請至官網 https:
//www.yayasu.com.tw/
index.html，或加入 Line 好友
https://lin.ee/GR75V0m 與
他們聯繫。

旗山區

·旗山 無店名紅糟肉 p.040
旗山區延平一路 435 號｜(07)
662-3256 ｜ 05:00 – 19:00（週
一公休）｜開車或從高鐵左營站
搭乘「旗美國道快捷」前往，旗
山轉運站下車，步行約 12 分鐘

·阿土伯虱目魚專賣 p.056
旗山區延平一路 287 號（旗山
深洲醫院斜對面）｜(07)662-
1414 ｜ 06:00 – 14:00 / 15:
00 – 19:00（公休日請電洽）｜
開車或從高鐵左營站搭乘「旗
美國道快捷」前往，旗山轉運
站下車，步行約 15 分鐘

·朝林冰果室（創始老店）
p.168
旗山區永平街 83 號 ｜ (07)
662-7179 ｜ 09:00 – 20:00（週
二公休）｜開車或從高鐵左營
站搭乘「旗美國道快捷」前往，
旗山轉運站下車，步行約 5 分
鐘

·常美冰店 p.172
旗山區文中路 99 號｜(07)
661-2524 ｜ 09:00 - 18:00（週
二、月底最後一個週三公休）｜
開車或從高鐵左營站搭乘「旗
美國道快捷」前往，旗山轉運
站下車，租賃公共自行車前往
約 5 分鐘

·旗山桔仔大王（創始老店）p.150
旗山區延平一路 436 號｜(07)
662-9633 ｜ 10:00 – 21:00（週
一公休）｜開車或從高鐵左營站
搭乘「旗美國道快捷」前往，旗
山轉運站下車，步行約 12 分鐘

·金葉摸油湯 - 辦桌文化工作室
p.256
旗山區復新街 44 號｜辦桌
洽 詢 專 線：0930-626259 /
0955-749098 ｜ 電 子 信 箱：
e0829520@gmail.com ｜更多
細節請至金葉官網查詢 https:
//www.jinye-cuisine.com/

美濃區

·阿招碗仔粄 p.024
美濃區中正路一段 34 號｜(07)
681-1288 ｜ 05:30 – 10:00
（週一至週三公休）｜開車或
從高鐵左營站搭乘「旗美國道
快捷」前往，美濃站下車，步行
約 3 分鐘

·阿城 純手工自製粄條 p.108
美濃區中山路二段 412 號｜
(07)681-7370 ｜ 08:00 –
13:30 （週三、週四公休）｜開
車或從高鐵左營站搭乘「旗美
國道快捷」前往，美濃站下車，
租賃車前往約 9 分鐘

·成功路上 無店名木瓜粄 p.036
美濃區成功路 143 號｜(07)
681-8361 ｜ 05:30 – 10:30
（公休日請電洽）｜開車或從
高鐵左營站搭乘「旗美國道快
捷」前往，美濃站下車，租賃車
前往約 5 分鐘

·精功社區 李家｜手工雲南米干
p.124
美濃區 成功新村 27-5 號｜
0989-935190 ｜ 08:30 – 14:
00（週一公休）｜不近任何捷
運或輕軌站，開車前往為佳

·陳媽媽客家米食（冬瓜糖剉冰）
p.157
美濃區中山路一段 67 號｜(07)
682-1268 ｜ 10:00 – 21:00
（公休日請電洽）｜開車或從
高鐵左營站搭乘「旗美國道快
捷」前往，美濃站下車，步行約
3 分鐘

· 美濃聖君宮旁 阿信伯關東煮
p.192
美濃區永安路 19 巷 23 號（美濃聖君宮旁）|（07）681-3312
16：00 – 18：00（賣完即休息，無公休日）|開車或從高鐵左營站搭乘「旗美國道快捷」前往，美濃站下車，步行約 10 分鐘

· 美濃山頂上土雞城 p.207
美濃區廣林里朝元 113 號之 1（往黃蝶翠谷、朝元禪寺方向，依指標上山）|（07）681-7013
11：00 – 14：00 / 17：00 – 20：30（週四公休）|不近任何捷運或輕軌站，開車前往為佳

· 瑤族滇緬風味小吃 p.261
美濃區精忠新村 29 號（精功社區舊活動中心）| 0989-500295 |（孔雀宴務必自行湊齊 8 到 10 人，5000 元，因為僅一人作業，請至少提前一週電話預約）| 10：30 – 15：00（週一、週二公休）|不近任何捷運或輕軌站，開車前往為佳

· 南頭河麻油 p.284
美濃區上興街 8 號 |（07）681-4795 / 0983-232382（訂購專線）| 07：00 –18：00 |
提供宅配服務，固定週二和週四出貨，可先到南頭部落格 https://sesameoilfamily.blogspot.com/ 填寫線上訂購表單，運費會因購買數量調整，請訂購前事先確認。

· 美濃客家美食坊（潘媽媽）紅豆糕 p.314
美濃區中興路一段 363 之 2 號 |（07）682-2968 | 07：30 – 19：30（週二公休）|開車或從高鐵左營站搭乘「旗美國道快捷」，租賃公共自行車前往，約 9 分鐘

左營區

· 寬來順早餐店 p.019
左營區中華一路 5-14 號 |（07）583-0408 | 04：00 – 12：00（週一公休）|台鐵內惟車站，步行約 6 分鐘 或 高雄輕軌 C21A 內惟藝術中心站，租賃公共自行車前往，約 8 分鐘

· 杏福巷子 p.174
左營區左營下路 45 號 |（07）588-1180（每日手工限量，賣完即休息，可提前電話預訂）
11：00 – 18：00（週一公休）高捷紅線 R16 左營高鐵站，租賃公共自行車前往，約 15 分鐘

· 西安麵食館 p.083
左營區勝利路 115 巷 6 號（眷村博物館停車場內）|（07）588-1517 | 10：30 – 20：00（無公休日）|高捷紅線 R16 左營高鐵站，租賃公共自行車前往約 9 分鐘 或 從高鐵左營站轉乘台鐵區間車至左營（舊城）車站，步行前往約 8 分鐘

· 永豐行 手工柴燒鹽味花生糖
p.294
左營區左營新路 163 號（網路搜尋是在左營下路和孔營路路口）|（07）582-4025 | 07：30 – 19：30（無公休日）|高捷紅線 R16 左營（高鐵）站 2 號出口，租賃公共自行車前往約 6 分鐘

甲仙區

· 皇都飯店 p.264
甲仙區中正路 7 號 |（07）675-1461 | 10：00 – 14：00（週一到週五，晚餐僅接受團體預約）/ 10：00 – 19：00（週六、週日）開車或搭乘高雄客運「E32 旗美甲仙快線」前往，甲仙站下車，步行約 2 分鐘

· 德哥獵人倉廚（阿德牛排）
p.266
甲仙區文化路 87、89 號（目前非常態性開放）| 0926-678399 | 半燻烤梅子雞非現點現做，請撥德哥手機提前預約，想在他的露營農場裡品嘗者，請去電和他討論細節，他會在南橫公路台 20 線 51k 處接人。

· 山豬愛呷 手工黑糖 p.296
甲仙區小林里五里路 38 巷 5 號 |（07）676-1379 | 因應人力和氣候變遷，目前僅能家庭式少量製作，每年完售時間不定，可在高雄微風市集素琴姐的攤位買到，網路訂購請到「山豬愛呷」粉絲頁私訊詢問。

小港區

· 王媽媽香豬捲旗艦館 p.306
小港區高松路 168 號 |（07）806-8825 | 10：00 – 19：00（週日公休）|高捷紅線 R3 小港站 3 號出口，租賃公共自行車前往，約 8 分鐘 |線上訂購請至官網 https://www.wangmama.tw/index.php

岡山區

· 堂伯 豬肝卷 p.016
高雄市岡山區平和路 95 號（平安市場內）|（07）622-4588 | 06：30 – 12：30（週一公休）|高捷紅線 R24 南岡山站，轉計程車前往，約 8 分鐘可抵

國家圖書館出版品預行編目（CIP) 資料

雄合味：橫跨百年、包山藏海，高雄 120 家以人情和手藝慢燉的食飲私味 / 郭銘哲著 . -- 初版 . -- 新北市：木馬文化事業股份有限公司出版：遠足文化事業股份有限公司發行，2023.07

324 面 ;17 x 23 公分 ISBN 978-626-314-463-7（平裝）

1.CST: 餐飲業 2.CST: 飲食風俗 3.CST: 小吃 4.CST: 高雄市
483.8　　　　112008327

橫跨百年、包山藏海，
高雄120家以人情和手藝慢燉的食飲私味

作　　者　郭銘哲
攝　　影　郭銘哲
　　　　　P.204 主圖提供｜冬鄉小廚，攝影｜楊為仁
　　　　　P.228 主圖提供 / 攝影｜張琳惟
　　　　　P.258-260 主要照片提供｜李氏商行，攝影｜陳李視物 / 陳建豪
特約編輯　李欣蓉
美術設計　謝捲子＠誠美作
摺頁插畫　陳宛昀

副 社 長　陳瀅如
總 編 輯　戴偉傑
主　　編　李佩璇
行銷企劃　陳雅雯、張詠晶

出　　版　木馬文化事業股份有限公司
發　　行　遠足文化事業股份有限公司（讀書共和國出版集團）
地　　址　231 新北市新店區民權路 108-4 號 8 樓
電　　話　(02)2218-1417
傳　　真　(02)2218-0727
Email　service@bookrep.com.tw
郵撥帳號　19588272 木馬文化事業股份有限公司
客服專線　0800-221-029
法律顧問　華洋法律事務所　蘇文生律師

印　　刷　凱林彩印股份有限公司
初　　版　2023 年 7 月　4 刷 2024 年 2 月
定　　價　480 元
ISBN　9786263144637　（平裝）
ISBN　9786263144842（EPUB）
ISBN　9786263144835（PDF）

高雄市政府文化局
Bureau of Cultural Affairs Kaohsiung City Government
2018 書寫高雄文學創作獎助計畫
2023 書寫高雄出版獎助計畫

橫跨百年、包山藏海，
高雄120家以人情和手藝慢燉的食飲私味──

雄合味

那瑪夏

甲仙

六龜   桃源

內門   杉林

旗山   茂林

美濃

茄萣 湖內

路竹 阿蓮

永安   田寮

彌陀   岡山

苓雅 梓官

新興 橋頭 燕巢

鹽埕 前金 楠梓 大社

旗津 鼓山 左營 大樹

前鎮 三民 仁武

小港 鳳山 鳥松

林園 大寮

雄合味
hiông　hàh　bī
包山。藏海。慢城。跨域

《雄合味》十條高雄最經典、最貼地的尋味 / 行旅 路線建議 ────

鹽埕
鹽埕埔捷運站（探訪吉井百貨、大新百貨、光復大戲院舊址）──→ 友松醫院 ──→ 鹽一市場 ──→ 銀座商場（高雄第一條現代化商店街）──→ 老府北地區巡禮 ──→ 賊仔市 ──→ 三山國王廟 ──→ 駁二倉庫群
★附近哪裡吃：請參考《雄好呷》+《雄合味》鹽埕區 口袋美食清單★

哈瑪星
舊打狗驛 ──→ 山形屋 ──→ 哈瑪星貿易商大樓（前身為「春田館」）──→ 三和銀行高雄支店 ──→ 永光行（原高雄州警察署）──→ 愛國婦人會館 ──→ 武德殿 ──→ 哈瑪星代天宮 ──→ 新濱街廓舊建築群 ──→ 打狗英國領事館官邸 ──→ 柴山阿朗壹祕境海岸健走 ──→ 柴山小漁港
★附近哪裡吃：請參考《雄好呷》+《雄合味》鼓山區 口袋美食清單★

美麗島．三民街
美麗島捷運站大圓環 ──→ 中正路伴手 / 喜餅街 ──→ 大港埔鼓壽宮 ──→ 南華路步行街 / 大同一路 小吃聚落 ──→ 藍寶石大歌廳舊址周邊 ──→ 中山一路 325 巷高雄最大蛤蜊批發地 ──→ 舊大港保安宮 ──→ 三鳳宮 ──→ 青草巷 ──→ 三民街小吃聚落 ──→ 三鳳中街 ──→ 三塊厝車站周邊
★附近哪裡吃：請參考《雄好呷》+《雄合味》新興區、三民區 口袋美食清單★

舊左營
自強新村──→果貿社區 ──→鳳山縣舊城 見城巡禮──→龜山步道（俯瞰蓮池潭景）──→ 左營下路舊聚落巡禮──→哈囉市場 ──→ 老西陵街探祕 ──→ 明德新村 / 建業新村 眷村偵探
★附近哪裡吃：請參考《雄好呷》+《雄合味》左營區 口袋美食清單★

前鎮．旗津
前鎮鎮南宮 ──→前鎮輪渡站（搭往旗津可看到完全不同的高雄港景）──→ 旗津中洲吃海產 / 漁港探祕 ──→ 騎單車濱海賞景飆風 ──→ 旗後砲台 ──→高雄燈塔（看大船入港和西子灣日落）──→ 旗津天后宮 ──→ 廟前老街
★附近哪裡吃：請參考《雄好呷》+《雄合味》前鎮區、旗津區 口袋美食清單★

鳳山
兵仔市 ──→ 雙慈殿 ──→ 龍山寺 ──→ 鳳山縣新城東便門（同儀門）──→ 打鐵街 ──→ 黃埔新村 眷村偵探 ──→大東文化藝術中心 ──→ 鳳邑城隍廟 ──→ 鳳儀書院 ──→ 中華街小吃聚落 或 中山路夜市集
★附近哪裡吃：請參考《雄好呷》+《雄合味》鳳山區 口袋美食清單★

旗山．美濃
旗山老街巡禮 ──→ 旗山車站 ──→ 旗尾山健行 ──→ 旗山糖廠 ──→ 柚子林傳統早市 ──→ 美濃永安聚落 ──→ 傳統菸樓 ──→竹仔門百年電廠 ──→ 獅形頂眺望美濃平原 ──→ 獅子頭水圳 漂漂河體驗（獅山社區）──→ 精功社區：滇緬四國九族拜訪
★附近哪裡吃：請參考《雄好呷》+《雄合味》旗山區、美濃區 口袋美食清單★

六龜
舊六龜隧道探祕──→ 六龜老街巡禮 ──→ 池田屋 ──→ 洪稛源商店六龜支店 ──→ 拜訪台灣野放山茶 ──→拜訪台灣本產胡椒園 ──→不老 / 寶來溫泉 ──→ 南橫天池 ──→ 台東關山啞口往向陽
★附近哪裡吃：請參考《雄好呷》+《雄合味》六龜區 口袋美食清單★

甲仙
甲仙大橋 ──→ 甲仙老街巡禮 ──→ 貓巷 ──→ 六義山健行眺望南化水庫 ──→ 五里埔農家拜訪──→ 小林村紀念公園 ──→往那瑪夏
★附近哪裡吃：請參考《雄好呷》+《雄合味》甲仙區 口袋美食清單★

橋頭．岡山
橋頭糖廠 ──→橋頭小店仔街 ──→ 平安市場（岡山舊市）探祕 ──→ 岡山老街巡禮 ──→醒村 眷村偵探 （醒村文化景觀公園）──→ 空軍軍史館 / 軍機展示場 / 航空教育展示館──→大崗山超峰寺 ──→大崗山風景區賞私房夜景
★附近哪裡吃：請參考《雄好呷》+《雄合味》橋頭區、岡山區、阿蓮區 口袋美食清單★